城市建筑火灾防控理论与方法

张立宁

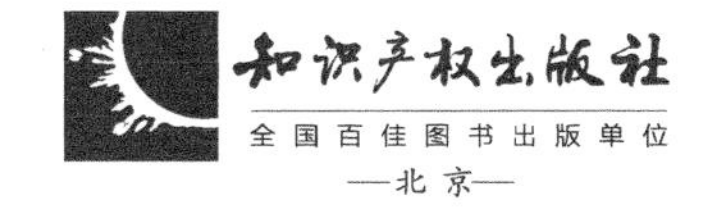

图书在版编目（CIP）数据

城市建筑火灾防控理论与方法/张立宁著．—北京：知识产权出版社，2023.6
ISBN 978－7－5130－8556－4

Ⅰ.①城…　Ⅱ.①张…　Ⅲ.①城市建筑—建筑火灾—灭火—研究　Ⅳ.①TU998.1

中国国家版本馆 CIP 数据核字（2023）第 002211 号

责任编辑：杨　易　　责任校对：潘凤越
封面设计：乾达文化　　责任印制：孙婷婷

城市建筑火灾防控理论与方法
张立宁　著

出版发行：知识产权出版社有限责任公司　网　址：http：//www.ipph.cn
社　址：北京市海淀区气象路 50 号院　邮　编：100081
责编电话：010－82000860 转 8789　责编邮箱：35589131@qq.com
发行电话：010－82000860 转 8101/8102　发行传真：010－82000893/82005070/82000270
印　刷：北京九州迅驰传媒文化有限公司　经　销：新华书店、各大网上书店及相关专业书店
开　本：720mm×1000mm　1/16　印　张：13.5
版　次：2023 年 6 月第 1 版　印　次：2023 年 6 月第 1 次印刷
字　数：214 千字　定　价：79.00 元
ISBN 978－7－5130－8556－4

前　言

城市建筑的火灾防控问题，一直是一道世界性的难题，亟须解决。据统计，目前我国火灾事故中，建筑火灾约占80%以上。因此，对城市建筑火灾的防控就显得尤为重要。如果建筑潜在的火灾风险性在火灾发生前就被了解，人们就可以及时通过有效的防控措施来防止火灾发生，或者即使发生了，也可通过可靠的火灾报警或应急管理系统将人员伤亡和财产损失降到最低程度。虽然国内外众多机构和学者已经针对城市建筑火灾防控开展了大量的研究，取得了一系列积极的研究成果；但由于缺乏系统成熟的城市建筑火灾防控理论与方法，目前城市建筑火灾数量仍居高不下，火灾灾害损失和人员伤亡仍呈上升趋势。

鉴于此，本书针对目前城市建筑火灾防控与应急管理中存在的诸多问题，首先提出我国城市建筑火灾防控的理论体系架构，进而重点针对在用高层建筑、高校学生宿舍以及城市地下商业综合体三种典型城市建筑，通过对其火灾风险评估（评价）、火灾精确报警以及应急疏散等方面的研究，以期构建较为完善的城市建筑火灾防控与应急体系，将传统城市建筑火灾防控的“被动灾害后果处理”转化为“主动过程风险防控”管理模式。

在高层建筑火灾风险评估方面，本书运用典型事件分析法，获取了影响高层建筑火灾发生的37个主要不确定性风险因素，建立了更为科学的高层建筑火灾风险评估指标体系；构建了基于未确知聚类的高层建筑火灾风险评估模型；以典型高层建筑火灾调查数据为例，进行了实例分析。

在高校学生宿舍火灾风险评估方面，本书通过对64起典型国内外高校学生宿舍火灾案例数据的搜集整理，结合安全生产要素理论，建立了高校学生宿舍火灾风险评估指标体系，该体系指标包括一级指标4个，二级指标16个，且各指标之间关联性小；构建了一种基于PCA-RBF神经网络法的高校学生宿舍火灾风险评估模型；以某大学城的高校学生宿舍火灾调查数据为例，进行了实例分析。

在城市地下商业综合体火灾风险评估方面，通过文献调研、专家访谈结合现场调查等，建立了城市地下商业综合体火灾风险评估指标体系，该指标体系包括一级指标4个，二级指标30个；构建了基于熵权AHP和未确知测度的地下商业综合体火灾风险评估模型；以6栋典型地下商业综合体为例，进行了实例分析。

在高层建筑火灾精确报警方面，重点针对在用（已建成使用中的）高层民用建筑，提出了一种火灾精确报警的无线烟－温复合式信号系统。通过数据采集终端、分站节点等研究完成了报警系统的软硬件设计；建立了基于支持向量回归机（SVR）的火灾报警算法模型；搭建火灾试验平台，进行了系统测试和试验分析。

在建筑火灾应急疏散方面，利用PyroSim、Pathfinder、Revit等计算机软件，分别进行高校学生宿舍火灾、高层住宅建筑火灾、城市地下商业综合体火灾的人员应急疏散模拟分析；对城市建筑火灾应急疏散逃生设施进行了探讨分析。

本书旨在实现高层建筑火灾的过程防控和系统管理，为城市建筑特别是高层建筑火灾灾害的预防和控制，提供可靠的决策支持系统，从而最大限度地减少高层建筑火灾灾害及损失。本书对建筑防火设计、当前保险行业制定合理的建筑火灾保险费率均具有积极的指导作用。

本书由华北科技学院城市建筑火灾防控研究创新团队负责人张立宁撰写。团队成员北京工业大学潘嵩、华北科技学院吴金顺参与了第一章；上海东苑集团范良琼参与了第四章；北京理工大学苟鹏飞参与了第五章；华北科技学院安晶参与了第五章、第七章。该研究团队长期从事建筑火灾风险防控与应急管理领域的科研及实践工作，近几年先后承担了国家自然科学基金项目“应急基础设施项目公众感知效能的形成机理、动态演化及提升策略研究”、国家科技支撑项目“高原矿山采动地质灾害监控技术研究”、河北省自然科学基金项目“高层建筑火灾精确报警的无线复合信号系统机理研究”、国家安全生产重大事故防治关键技术项目“城市高层建筑火灾风险预警系统研究”、河北省教育厅科研项目“民用建筑火灾风险智能预警系统设计”与“建筑安全生产监管与保障体系的构建”等课题的研究工作。团队成员在

Sustainable Cities and Society、*Building and Environment*、*Journal of Beijing Institute of Technology*、《中国安全科学学报》、《安全与环境学报》、《消防科学与技术》等期刊发表学术论文几十篇，撰写学术专著和教材十多部。

与目前市场上类似图书相比，本书的突出特点体现在：已有图书大多为教材，内容较宽泛，本书为学术专著，专业性更强；已有图书大多侧重于从某项技术方面进行城市建筑火灾的防治，本书侧重于从理论的深入性、数值方法建模、实例分析验证等方面进行研究，更注重理论的系统性、学术性和研究性；已有教材大多适合现场一线操作人员、高校本科生或专科生教学使用，本书更适合研究生或研究人员使用；已有教材大多出版日期较早，内容相对陈旧，本书结合最新研究成果和前沿动态，内容更为新颖，更适合当前的城市建筑火灾防控与应急管理。

在本书撰写过程中，作者查阅了大量国内外文献资料，吸收了不少有价值的成果和信息，谨向原作者表示诚挚的谢意！同时，感谢河北省可再生能源国际联合研究中心提供的经费资助，也感谢华北科技学院的支持，为本书撰写创造了良好的工作条件。此外，北京理工大学韩文虎、华北科技学院韩国波等为本书的撰写提供了许多宝贵的建议，在此深表感谢。

由于时间及作者能力所限，本书内容难免存在不当之处，恳请读者批评指正，提出宝贵意见，以便再版时修订、改正。

张立宁
2023 年 4 月

目　录

1

引　言

1.1　城市建筑火灾防控研究的意义

城市建筑的火灾防控问题一直是一道世界性的难题。研究表明，目前我国火灾事故中，建筑火灾占80%以上。特别是近年来，随着城市高层建筑数量的迅速增长，由城市高层建筑火灾所导致的人员伤亡及财产损失呈不断上升趋势。例如，2017年，英国伦敦市某24层的公寓楼大火，造成81人死亡；2019年，我国广东省中山市海岸花园小区某高层住宅楼火灾，造成6人死亡；2020年，阿联酋沙迦某48层住宅楼火灾，造成7人受伤；2021年，我国台湾省高雄市“城中城大楼”高层建筑火灾，造成46人死亡、41人受伤；2022年，美国纽约市某高层公寓楼火灾，造成19人死亡等。

目前，我国高层建筑数量居世界第一位，百米以上超高层建筑年均增长率约8%，是世界平均增长率的2.5倍，城市建筑特别是高层建筑防火形势尤为严峻[1]。据统计，仅2008年至2017年，我国就发生高层建筑火灾3.1万起，死亡474人，直接财产损失15.6亿元；2019年，中国高层建筑发生火灾数同比上升10.6%；2020年，高层住宅建筑火灾（占高层建筑火灾总数的83.7%）同比上升13.6%；仅2021年前三季度，国内就发生高层建筑火灾2808起，火灾发生数同比上升4%，火灾导致的死亡人数同比上升1.1%[2]。

国家“十四五”规划中强调，要进一步推进我国的城镇化发展战略。由于城市土地资源的稀缺性，高层建筑未来仍将是城市建筑的首选。但就目前我国消防部门的消防装备而言，消防云梯车所能达到的高度一般均不超过100m，一旦高层建筑发生火灾，很难通过外部的消防力量进行救援。业内专家认为，消防装备“长高”的速度远远跟不上楼宇“长高”的速度，50m以上的建筑应着重立足于建筑消防自身，立足于自救。

与此同时，中国城镇化进程加快，城市土地资源的稀缺性，也使得城市地下空间的开发与利用迅速发展，在部分大城市已经形成较大规模的地下空间群，城市地下空间由原来解决城市问题的被动手段，转变成为现今一个城市竞争力、土地空间资源集约发展、复合利用能力的综合体现，也成为推动大中城市可持续发展的重要手段。据统计，“十三五”期间，中国（不包括香港、澳门、台湾地区）累计新增10.7亿m^2地下空间建筑面积，是世界上城市地下空间开发和利用发展速度最快的国家之一。

城市商业综合体是城市中最具有活力的功能性建筑，特别是伴随着城市地下空间的快速发展，在城市中迅速形成了集娱乐、餐饮、商业、休闲和交通为一体的城市地下商业综合体。从20世纪60年代起，以欧洲、美国等为代表的发达国家和地区，伴随着地铁的开发，一些大规模的城市地下商业建筑在部分发达城市建成运营，如加拿大多伦多市的伊顿中心地下综合体、日本大阪市的地下商城、俄罗斯莫斯科市的马涅什购物中心等。截至2019年，据对我国34个省市的不完全统计，全国87座大中城市中，目前正在运营和在建的地下商业综合体项目约有100多个。东部地区的地下商业综合体开发运营已经较为成熟，中西部地区的发展也十分迅速，与东部地区的差距正在逐渐缩小。可以预见，伴随城市继续集约化发展和国家对可持续化发展的探索，城市地下商业综合体未来会有更为广阔的发展空间。截至2022年年底，我国已建成的较有代表性的超大型地下商业综合体有10余座，如北京市中关村西区、杭州市钱江新城核心区、西安市幸福林带工程等商业开发项目。

但与之同时，据应急管理部消防局统计，2018年全年，我国共发生地下建筑类火灾568起，造成2人死亡，1人受伤，直接财产损失732.8万元；2019年，我国发生城市地下建筑火灾689起，造成2人死亡，2人受伤，直接经济损失753.7万元等。近年国内外发生的地下建筑类火灾典型事件有：1995年10月，阿塞拜疆巴库市地铁发生由电路故障引发的火灾，致使558人死亡，269人受伤；2003年2月，韩国大邱市地铁发生火灾，伤亡人数达344人；2016年3月，我国四川省绵阳市金柱园地下商场发生火灾，近二十家商铺受损；2018年6月，我国四川省达州市“好一新”商贸城的地下冷库发生火灾，过火面积51000m^2，造成1人死亡，直接经济损失9210万多元；2020年3月，我国上海市普陀区昆仑商场地下一层由某餐饮店厨房失火引发的火灾，造成重大财产损失；2021年12月，我国辽宁省大连市新长兴市场地下二层发生火灾，造成8人死亡等。

为此，2020年，我国应急管理部消防救援局下发通知，为应对大型商业综合体商品促销、节庆活动密集导致的人流物流高度集中、火灾危险性升高等风险，要求各级消防救援机构认真贯彻落实国务院安委办和应急管理部决策部署，全力做好大型商业综合体火灾防控工作，坚决遏制群死群伤火灾事故发生。由此可以看出，应急管理部等国家有关部委对城市大型商业综合体火灾灾害防控的高度重视。

此外，高校建筑尤其是高校学生宿舍的火灾风险防控是城市建筑火灾风险防控的一项重要课题。众所周知，高校宿舍是高校人员较为集中的生活场所之一，资料显示，截至2021年全国各类高校数量位居世界第二，达到了3012所，中国高校生在校人数达到4430万[3]。随着各高校招生人数的持续增加，校舍建设投资的不断增大，高校宿舍火灾安全成为现今校园安全的焦点之一。特别是近几年，高校宿舍火灾频发，引起了社会各界的广泛关注。例如，2008年11月，上海商学院某女生宿舍楼602室因违反校规使用电热快导致火灾，造成4名学生死亡；2016年8月，山东烟台大学的两名留校生在宿舍使用液体酒精炉最终引发火灾导致两人烧伤；2019年12月，浙江工业大学屏峰校区东苑某学生宿舍楼4楼起火，导致6名学生被困。再如，2021年4月杭州电子科技大学某宿舍火灾、2021年11月南京传媒学院某宿舍楼火灾、2022年2月江西省萍乡学院某女生宿舍火灾、2022年3月湖南高速铁路职业技术学院某男生宿舍火灾、2022年3月清华大学紫荆学生公寓9号楼火灾等，虽都未造成人员伤亡，但社会负面影响较大。

因此，对城市建筑火灾灾害的防控就显得尤为重要。如果建筑潜在的火灾风险性在火灾发生前就被了解，人们就可以及时通过有效的防控措施来防止火灾发生，或者即使火灾发生了，也可通过可靠的报警和应急疏散系统将火灾损失降到最低程度。基于此，研究建立有效的城市建筑火灾防控体系，对于最大限度减少城市建筑火灾灾害及损失，具有重要的现实意义。

1.2 研究的理论依据

针对城市建筑火灾灾害防控的研究，国内外相关机构，如美国建筑与火灾研究实验室、我国火灾科学国家重点实验室、中国建筑科学研究院建筑防火研究所、建筑消防工程技术公安部重点实验室等已经进行了大量研究，甚至日本京都大学，我国中南大学、同济大学、燕山大学、福州大学、广西大学、大连民族学院等众多国内外高校也都成立了专门的研究机构（防灾减灾研究所）开展相关研究。

1.2.1 建筑火灾风险评估研究现状

火灾风险评估可以更客观、准确地认识火灾的风险性，从而为人们预防火灾提供科学依据和决策支持。研究表明，准确的建筑火灾风险评估可以为建筑物的性能化防火设计以及保险行业制定合理的保险费率提供科学依据，同时也是现代城市发展新形势下，主管部门制定建筑消防相关法律法规制度的决策依据。

国外关于建筑火灾风险评估的研究始于20世纪70年代，以一些发达国家的性能化防火设计研究为背景展开。性能化防火分析即在防火研究中更注重量化分析。早在20世纪90年代初，就有学者提出了关于火灾风险分析的概念框架，认为其基础是确定3个关键要素：场景结构、严重性度量和结果度量。21世纪初，又有学者基于风险等于概率乘以损失提出了一系列火灾风险相关的概念和计算式。目前，对于火灾风险比较通用的表达是“火灾风险是由火灾潜在因素引发的不良后果”。国际标准化组织的系列标准ISO9000：2015中，将火灾风险定义为火灾概率及其结果的定量组合。在建筑火灾防控方面，国外学者从火灾风险分析、模拟和评价等方面开展了大量的理论探索和数值模拟工作，例如，建立了高层建筑火灾危险性评价模型，利用贝叶斯网络对机场火灾进行模拟仿真和火灾风险评价，采用层次分析法和模糊综合评价法结合建立历史建筑物火灾风险评价模型等。目前，国外比较有代表性的建筑火灾风险评估方法主要如下：

美国国家标准局火灾研究中心提出的火灾安全评估系统（FSES），是一种半定量方法，也称《生命安全规范》（NFPA101M），其基本思想是从不同类型的建筑物中提取影响火灾风险因素的13种不确定性因素，然后结合德尔菲调查法，要求专家对每一种风险因素和安全因素进行赋值，以降低其整体火灾风险。该方法通常用于公共建筑或住宅建筑的火灾安全评估。

美国道化学公司（Dow Chemical Company）提出的火灾、爆炸危险指数评价法，是基于材料系数和工程风险调整系数，计算出火灾爆炸系数进行火灾风险评价的方法，其使用范围较广。

美国运筹学家托马斯·L. 萨蒂（Thomas L. Saaty）提出的层次分析法（AHP），是一种定性与定量相结合的综合性分析方法。其结合了系统理论和运筹学理论，主要用于影响因素和评价标准较多、方案较全的城市建筑火灾风险综合评价。

英国恩泰科（Entec）公司开发的火灾风险评估法，又称“消防风险评估工具箱”。该方法主要是基于评估对象的风险评估，通过与可接受指标的比较、预控等工作步骤，从而使得评估对象风险降低。该火灾风险评估方法主要用于人员较密集的建筑场所，以确保其前期的消防部署和安全。

瑞士学者提出的火灾风险评估工程法（FRAME），是建筑火灾风险评估中较为成熟的一种方法。它首先针对目标建筑物内部的人员、物资、环境等各种因素的影响作用进行综合衡量，再与国家相关建筑物的防火工程设计技术规范进行结合，最终通过定量化的计算分析得到目标建筑物室内的火灾风险评估结果。

瑞典学者马格努森（Magnusson）等人提出的火灾风险指数法，是与模糊打分理论相结合的一种半定量评估方法。它首先通过对建筑物的火灾特性参数进行赋值来获取数据，再结合德尔菲调查法邀请专家打分做出判断，最终通过数据处理得出该建筑的火灾安全指数。

澳大利亚学者提出的火灾风险评价法（CESARE-Risk），又被称为基于安全系统性能的建筑消防风险评估模型。该方法通过对建筑内部火灾环境变化情况的科学预测，给出建筑内部发生火灾的概率等。

我国关于建筑火灾预防及评估研究的起步相对较晚，但近年来，随着政府及社会各界对建筑消防安全的重视和投入，以及与国外研究机构的交流，取得了一系列的研究成果。传统的建筑火灾风险评估方法大多定性地对建筑物火灾风险进行描述或半定量地对其火灾风险进行分级。这些方法虽然可以得到一些风险评估结果，但这些评估结果在很大程度上具有经验性和模糊性，不能满足现今城市建筑火灾安全防控的需要。

目前，随着建筑火灾风险理论研究的深入、计算机技术的运用及火灾统计数据的不断完善，建筑火灾定量风险评估方法日益受到业界重视。例如，曾梦提出了基于突变理论的高层民用建筑火灾风险评估方法[4]；蒲娟针对高层建筑火灾安全评价指标的不确定性、模糊性以及难以确定火灾安全等级等问题，提出了基于 Shapley-D-S 的高层建筑火灾安全评估方法[5]；王川等构建了高层建筑火灾应急能力多层次评估指标体系及量化模型[6]；田玉敏利用层次分析法对某商场火灾进行了风险评价[7]；徐坚强等运用层次分析法对建筑火灾风险进行了评估[8]；王莹等将模糊理论应用于地下建筑火灾安全评估，建立了地下公共建筑消防安全模糊评估法[9]；李亚兰等利用事故树的结构重要度，改进传统的层次分析法和模糊评估法，并将其用于地下建筑火灾风险评估[10]；米红甫等运用模糊综合评估法，对建筑火灾的不确定性进行了研究，提出了一种基于 Fuzzy-DS 模型的火灾风险评估方法[11]。目前，国内比较有代表性的建筑火灾风险评估方法主要如下：

安全检查表法（Safety Checklist Analysis，SCA），是一种典型的定性分析方法。它通过科学分析评价对象，将用于查明评价对象火灾风险安全状况的各类问题以清单表格的形式展示出来，进而对其进行火灾风险防控。安全检查表法简单方便，目前被广泛应用于我国各行各业火灾安全管理中。

事件树分析法（Event Tree Analysis，ETA），是以树形图的形式将可能引起火灾发生的各种风险因素按照火灾事故发生的时间顺序排列，并给出可能发生的各起事故的风险影响因素的具体概率，通过该概率计算出整个评估目标的事故发生概率。

事故树分析法（Fault Tree Analysis，ATA），是从逻辑层面分析，将跟建筑火灾相联系的现象、发生起因、最终结果跟事故本身的逻辑性联系起来，从中发现建筑火灾发生的规律，由此获得降低或避免火灾发生的办法。

模糊综合评价法（Fuzzy Comprehensive Evaluation，FCE），是一种定量分析方法。它通过获取评价对象的影响因素，建立其评价指标体系，引入相关的数据处理模型，最终得到建筑火灾风险的量化结果。

此外，还有蒙特卡洛方法（Monte Carlo Method）、人工神经网络法（Artificial Neural Network，ANN）等。特别是人工神经网络法，由于该方法在复杂工程问题中强大的非线性处理能力，因此被广泛应用于建筑火灾风险评估等各个领域。

研究发现，虽然国内外现有的建筑火灾风险评估方法有着各自的优越性，但其评价过程中部分参数难以确定、评价过程复杂、可操作性较差等问题仍有待解决，且一些方法的评估结果准确性仍有待提高。因此，如何综合运用智能化方法和计算机技术，改进现有建筑火灾风险评估方法，进一步提高和保证城市建筑火灾风险评估结果的准确性，是城市建筑火灾风险评估研究的主要课题之一。

1.2.2 建筑火灾自动报警研究现状

虽然消防部门历来将高层建筑火灾的预防作为重点，但事实表明，预防并不能排除或杜绝所有的火灾风险隐患，线路短路、人为失误等各种偶然因素都有可能导致高层建筑火灾事故的发生。虽然建立有效的火灾自动报警系统并不是高层民用建筑火灾发生后灾害控制的唯一手段，但研究表明，准确的火灾报警是高层民用建筑发生火灾后火灾应急管理的要素之一，也是降低其危害或损失以及紧急处置的关键。

国外对火灾报警领域的早期研究始于20世纪40年代，感温式火灾探测器的出现填补了火灾报警领域的空白。但由于其存在灵敏度低、错误报警率高等缺陷，20世纪50年代初，离子感烟探测器逐渐取代了感温探测器的主导地位。随着科技的进步，之后又相继出现了光电感烟探测、感光式探测、图像感烟式探测、感声式探测和气体式探测等多种火灾探测技术。

使用多传感器数据融合技术的火灾报警系统经历了如下发展过程：20世纪80年代初，随着计算机和微处理技术的快速发展，出现了基于总线制的火灾报警系统。其优点在于能够节省布线，并且报警定位精确。但其抗干扰能力较差，系统调试也比较困难。20世纪90年代末，火灾探测技术开始向智能化方向发展。智能化火灾报警系统最早出现在欧洲和澳大利亚，其利用空气采样技术，提高系统的灵敏性、适应性和并行处理能力。21世纪初，以无线通信为基础的无线火灾报警系统出现，并逐渐兴起。

在火灾报警研究方面，目前，在国外，作为智能建筑中设备自动化系统的一部分，建筑火灾自动报警技术的发展比较迅速，技术也日趋成熟。例如，在美国，火灾自动报警系统已被广泛应用于各类建筑中，并与所在城市的消防系统对接，形成城市消防监控系统网络。一旦发生建筑火灾，建筑物和消防部门监控中心会同时发出警报，并显示着火建筑具体信息，消防人员立即组织扑救；德国规定每栋建筑必须设置专门的建筑防火专员；日本在大量研究的基础上，建立了一整套完善的建筑消防管理体系，并通过法规的形式进行落实；以色列消防部门制定了一套强制性的高层建筑消防设施配备标准；韩国规定超过600m^2的建筑都必须指定专门消防安全负责人，同时，韩国实行建筑消防设施检查的制度化和市场化。

我国火灾报警系统的研究及应用起步相对较晚，20世纪70年代才开始进行相关的研究。进入21世纪，随着高层建筑的蓬勃发展，对火灾自动报警系统重视和需求迅速增加，同时也促进了我国高层建筑火灾自动报警系统的研究和开发。目前，我国建筑火灾自动报警系统在研发、生产和应用等各方面均取得了一定的成果，特别是采用无线通信技术的火灾自动报警系统，在我国日益受到重视。

与此同时，不同类型的火灾探测传感器被应用于火灾报警系统中，对系统的数据处理能力提出了挑战。许多经典的数据算法被应用到火灾探测当中，例如阈值法、趋势法、概率估计法、贝叶斯推理法等。国外火灾报警算法研究最先出现的是阈值法（直观法），20世纪80年代又相继出现了火灾报警的趋势算法及相关滤波算法等。其中，雷纳·西贝尔（Rainer-Siebel）等根据不同火灾探测信号的趋势相关性，提出了复合趋势算法[12]。

此后，应用火灾信号的统计特性，有关学者根据火灾信号的自相关函数又提出了复合模拟处理算法，王殊提出了计算窗可变的信号趋势算法和复合特定趋势算法[13]。

采用阈值法和趋势算法对单一功能探测器输出信号进行处理，效果较好。但若将同样的方法应用于多种信号复合的火灾报警系统，则会出现误报或漏报现象。随着智能信息处理算法的出现，许多学者开始将智能算法应用于火灾报警研究，以降低火灾报警过程中的漏报率与误报率，其中最具代表性的是人工神经网络法。例如，1994 年，瑞士瑟伯罗斯（Cerberus）公司率先推出了采用人工神经网络算法的火灾报警器[14]；日本学者冈山吉崎（Yoshizaki Okayama）采用三层前馈人工神经网络和反向算法，给出了不同火灾信号的神经网络火灾报警算法等[15]；我国学者张绍龙提出基于 BP 神经网络的火灾报警算法[16]；汤群芳提出基于模糊逻辑和神经网络的火灾报警算法[17]。

此外，目前国内外城市新建建筑的火灾自动报警大多仍采用传统有线火灾报警系统，但针对一栋已建成正在使用中的建筑，布设或改造有线火灾自动报警系统必将面临施工难、成本高、检修和维护复杂等困难。而无线火灾自动报警可以有效弥补有线系统的不足，具有施工和维护简单、灵活性强等特点，有利于扩大火灾监测范围，在不重新布线的基础上，对消防监测盲区进行改进。因此，研究开发可靠的无线火灾精确报警系统是城市建筑火灾防控的重要课题之一。

1.2.3 建筑火灾应急疏散研究现状

众所周知，应急疏散是建筑物发生火灾后确保人员安全的重要举措，是建筑火灾防控的重要内容。进行城市建筑火灾人员应急疏散研究，对于提高人员逃生概率、成功进行人员疏散、降低火灾危害均具有重要现实意义。

在建筑火灾应急管理，特别是人员应急疏散方面，早在 20 世纪 70 年代，国外有关学者便在该领域进行了相关的探讨，其中，在《行人规划设计》（*Pedestrain Planningand Design*）一书中首次论述了人员运动时密度与疏散速度之间的关系，提出了“公共服务水平”（level of service）这一概念。

1978 年，苏联学者通过搜集大量资料并分析，研究了人员基本属性特征对行人运动速度的影响，并利用统计学相关理论探讨了不同建筑环境对人群疏散速度的影响，该研究的提出对构建人群疏散模型具有重要意义。

20 世纪 70 年代中期，L. F. 亨德森（L. F. Henderson）等人通过将人群疏散移动规律看作气体或流体的运动规律，利用流体理论中的纳维-斯托克斯方程进行了人流的疏散模拟，探讨了人群属性对疏散速度的影响，这是最早的关于人群疏散的宏观模型[18]。

1987 年，杰克·保罗（Jake Pauls）开展了以楼梯为研究对象的一系列人员疏散实验，该实验方法主要是通过对实验人群施加压力，提出了一个有关楼梯的“有效宽度”的概念，该实验为简化疏散时间模型提供了指导[19]。

1990 年，托马索·托夫利（Tommaso Toffoli）提出了元胞自动机模型，在该理论指导下，时空都会被离散化，由此对人员疏散的行动规律做出模拟，并判断模拟结果的合理性[20]。

1991 年，日本学者提出了一种利用磁场力模型来模拟人员疏散情况，该模型将逃生出口表示为磁场的负极，将疏散人员和环境表示为磁场的正极，结合物理学的经典理论库仑定律来表示人员的疏散移动情况，最终达到对人员疏散的科学模拟[21]。

1994 年，甘纳尔·G. 洛伊瓦斯（Gunnar G. Løvås）等人利用排队网络模型构建了人群宏观疏散模型。该模型建立在排队论的基础上，通过求出最优值的方式进行人员疏散模拟。这种疏散模型有严格的数学推导，但是求解难度偏大[22]。

2000 年，德克·赫尔宾（Dirk Helbing）等最先提出社会动力模型理论，该理论把人、环境相互之间的影响以作用力形式量化表达出来，即将在疏散时的人群心理变化以力学量化数据形式展现，从而得到人员疏散的社会动力学模型[23]。

2000 年之后，人群疏散模型的研究进入全面发展阶段，越来越多的模型和交叉模型被应用于建筑火灾人员疏散研究。特别是伴随着计算机仿真技术的飞速发展，出现了许多人员疏散模拟仿真软件，其中具有代表性的有 FDS（Fire Dynamics Simulator，火灾动力学模拟）、Pathfinder（人员疏散能力模拟）、Building EXODUS（建筑疏散），STEPS（Simulation of Transient Evacuation and Pedestrian Movements，瞬态疏散和步行者移动模拟）等软件。

与建筑火灾风险评估及报警研究一样，我国在应急疏散领域开展研究也较晚于国外。20 世纪末，我国相关学者才开始尝试对人员疏散进行探讨和研究，目前，我国在人员疏散方面的研究取得了一系列积极的成果，具体如下。

2001 年 8 月，方正和卢兆明根据人员的所处位置和其移动特性，首次提出建立一种反映人群位置所在的坐标网格，并将此网格应用于人群应急疏散场景，用该方法模拟得到人群疏散所需时间和逃生转移轨迹的方法[24]。

2003 年，宋卫国、于彦飞等利用社会力模型进行人员疏散分析，着重探讨了建筑火灾逃生出口的宽度、距离等建筑结构特征，以及期望人员疏散速度与疏散时间之间的特征关系，得出各因素之间不是简单的线性关系的结论[25]。

2003 年，杨立中和方伟峰等提出了以元胞自动机为基础的微观离散模型，该模型从人员行为的角度出发，考虑个体行为对疏散的影响，对非一般情况下的人员离散情况进行了预测[26]。

2006 年，潘忠、王长波等提出了从几何连续角度模拟人员疏散，在多出口选择的人群疏散研究上利用出口吸引力概念进行解决，并对人群超越和障碍物绕行等问题进行了探讨[27]。

2008 年，张培红等以大型公共建筑物为研究对象，通过对自适应蚁群算法进行优化改进，解决了传统算法存在的死循环和局部最优等问题[28]。

2012 年，赵宜宾等提出人群疏散模型，该模型以教室内人群疏散为研究对象，进行人员疏散模拟，研究给出目标方向密度概率、出口影响因子概率、移动方向校正因子与疏散的相关性[29]。

2016 年，宋志刚等从某大型餐厅入手，统计建筑内人数，再分析推算其疏散相关问题，并利用 Bootstrap 技术模拟分析人员疏散的安全性，最后给出该餐厅消防安全设计的一些建议[30]。

2020年，赵金龙等提出利用Pathfinder对地铁站点进行人员紧急疏散分析模拟。即通过对站点内各种不利情况的仿真模拟分析，得出站内疏散瓶颈所在，并将研究成果应用于地铁站点的人员疏散设计和日常管理[31]。

可以看出，在建筑火灾应急疏散研究方面，现有研究主要集中在疏散数学模型的理论探讨和疏散影响因素分析上，研究大多较为笼统，缺乏对具体某类建筑的安全疏散研究，且对疏散软件与其他建筑信息建模软件的兼容性进行研究的较少。同时，国内现有研究大多是基于国外学者研究的扩展和延伸，尚未推导出新的应急疏散数学模型或研究出更具通用性的疏散软件等。

1.2.4 现状分析及发展动态

纵观国内外城市建筑火灾防控研究现状，虽然在城市建筑火灾风险评估、火灾自动报警、火灾应急疏散等方面，上述研究成果为减少城市建筑火灾的发生或降低其火灾灾害损失确实发挥了很大作用，取得了较好的经济或社会效益，但在建筑火灾防控研究的理论与方法方面仍存在以下不足，亟待完善。

（1）现有研究中的研究对象相对宽泛，专门针对城市高层建筑、城市地下商业综合体以及高校学生宿舍火灾防控的研究相对较少。且大多研究没有将建筑火灾灾害发生前的预防与一旦发生火灾后的报警及应急疏散研究进行有效结合，不符合风险源过程控制的思想。

（2）在城市建筑火灾风险评估方面，不同建筑的差异性大，导致评估指标体系的差异性大，有的过于复杂，有的过于简单，给城市建筑火灾风险的准确评价带来困难，对实际建筑火灾防控的参考价值有限。

（3）现有的城市建筑火灾风险评估方法，如模糊评估法、层次分析法等，方法的智能化水平存在不足，且未能与计算机技术有效结合，计算过程较为复杂，可操作较差，评估结果的准确性有待提高。

（4）建筑自身对火灾的防控能力存在不足，例如针对在用（已建成使用的）建筑，缺乏可靠的建筑火灾精确报警系统，特别是无线火灾自动报警技术还有待发展，报警系统的可靠性和准确性仍有待提高。

（5）现有建筑火灾防控研究大多集中在建筑火灾风险评估（评价）、

火灾自动报警等方面，而针对城市建筑火灾应急疏散，特别是基于火灾风险评估结果的应急疏散研究较少。且现有建筑应急疏散研究主要集中在对疏散影响因素的分析和疏散模型的探讨方面，而在疏散仿真模拟和实例分析方面研究相对较少。

基于此，本书重点针对在用高层建筑、城市高校学生宿舍以及城市地下商业综合体三种典型的城市建筑，通过研究其导致火灾的不确定性风险因素，并进行其火灾风险评价、火灾精确报警及火灾应急疏散模拟等方面的研究，构建较为完善的城市建筑火灾防控体系。

1.3 城市建筑火灾防控的理论体系架构

针对目前城市建筑火灾防控研究的现状，通过搜集有关城市建筑火灾、建筑火灾防控与应急管理等方面的典型案例和文献资料，并对这些文献资料加以分类、整理、总结规律，再综合运用工程调研、理论研究和计算仿真模拟及试验等研究方法，提出我国城市建筑火灾防控的理论体系架构，如图 1.1 所示。

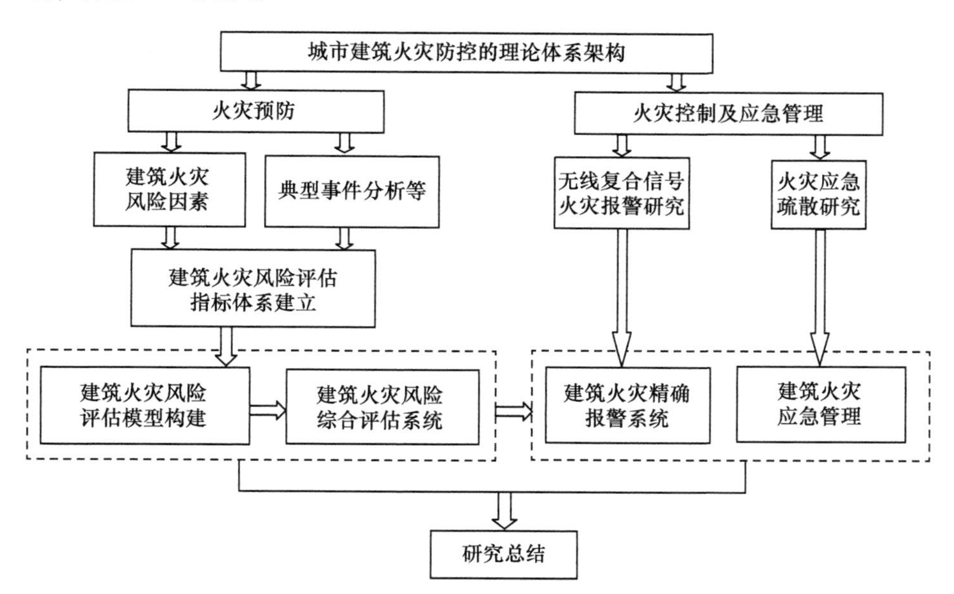

图 1.1 城市建筑火灾防控的理论体系架构

该体系从火灾风险评估、火灾精确报警、火灾应急疏散全过程进行城市建筑火灾的防控管理，旨在实现城市建筑火灾的过程防控和系统管理，将“被动灾害后果处理”转化为“主动过程风险防控”的管理模式，符合当前城市建筑火灾防控的紧迫需求，有助于最大限度地减少城市建筑火灾灾害及损失。

2

高层建筑火灾风险评估指标体系构建

据应急管理部消防救援局数据显示，2021 年全年我国共发生高层建筑火灾 4057 起，造成 168 人死亡，死亡人数比 2020 年增加 22.6%。对于高层建筑火灾的防控问题，虽然 GB 50016—2014《建筑设计防火规范》（2018 年版）提出了明确的要求，但规范中不可能涵盖所有的火灾风险因素，且在实际应用中，由于客观条件的限制、社会及经济等因素的影响，造成很多高层民用建筑事实上（特别是在使用过程中）并不能或没有满足规范的所有防火要求。公安部最新数据显示，全国设有自动消防设施的高层建筑，平均完好率不足 50%。因此，进行高层建筑火灾风险准确评估，就必须借助科学的评估方法和手段。

首先，评估对象的特征（指标）是决定评估对象性能的关键，也是进行高层建筑火灾风险准确评估的基础。因此，如何通过评估对象特征（指标）的科学提取，建立科学的评估对象特征空间（即评价指标集），对高层建筑火灾风险评估结果的准确性有着决定性的作用。

这里基于高层民用建筑火灾的三类风险源辨识，结合《建筑设计防火规范》（2018 年版），通过对大量高层建筑火灾实例的调查研究及文献资料查阅，运用典型事件分析法（即所有指标的提取均对应到国内外典型高层建筑火灾事件实例），获取影响高层建筑火灾发生的主要不确定性风险因素，建立更为科学的高层建筑火灾风险评估指标体系，为高层建筑火灾风险的准确评估提供理论基础。

2.1 高层建筑中的火灾风险源辨识

危险源是人们认识安全事故形成机理的重要因素，但目前学术界中关于危险源的理论框架并不统一。例如，按照不同的分类方法，危险源通常可以划分为本质危险源和状态危险源、"二类"危险源和"三类"危险源、物质性危险源和非物质性危险源等。

西安科技大学的田水承教授在对"二类"危险源理论研究的基础上，提出了"三类"危险源的理论，见表2.1[32]。他认为，第三类危险源往往潜在于第一、二类危险源之中，不易辨识，但三者在实际中密切联系、不可分割。"三类"危险源理论比较全面地反映了危险存在的因素和根源，基本涵盖了所有关于危险源分类的观点。因此，这里以"三类"危险源为基础，分析高层建筑火灾的潜在风险源，为高层建筑火灾风险评估提供一种新的思路和方法。

表2.1 "三类"危险源理论

危险源名称	来源
第一类危险源	能量载体或危险物质
第二类危险源	物的故障、物理性环境因素
第三类危险源	安全管理决策、组织失误、不安全行为、失误等造成系统失衡

根据"三类"危险源理论，本书将高层民用建筑中的火灾风险源也归为三类：

（1）第一类火灾风险源。众所周知，可燃物的存在是火灾发生的根本原因。对于高层民用建筑，反映在建筑材料的耐火等级、建筑火灾荷载，以及周边环境的危险性等方面。

（2）第二类火灾风险源。高层民用建筑第二类火灾风险源可以概括为主动防火系统的缺陷、被动防火系统的缺陷以及安全疏散缺陷三个方面，见表2.2。

表2.2 高层民用建筑第二类火灾风险源

第二类风险源辨识	内涵	举例
主动防火系统缺陷	在高层建筑中，防止火灾事故的发生、阻止火灾蔓延的有关设计方案和设施等	如建筑防火分区、防火间距不合理等
被动防火系统缺陷	高层建筑一旦起火时，及时进行火灾报警、扑救的设施等	如建筑火灾自动报警、灭火系统的失效等

续表

第二类风险源辨识	内涵	举例
安全疏散缺陷	高层建筑火灾时保证人员安全、及时疏散的设备、设施等	如建筑疏散通道堵塞、疏散指示标志不全等

（3）第三类火灾风险源。统计表明，绝大多数高层建筑火灾都是由于管理不善等人为原因引起的。人员防火意识的强弱、安全文化素质的高低，直接决定着高层建筑防火安全管理的结果，通常被称为隐藏在高层建筑火灾事故中的深层原因。因此，进行高层建筑火灾的防控，还必须考虑防火安全管理，即应有有效的消防管理或控制手段。例如，进行人员防火安全教育、消防设施定期检查、防火安全责任落实等，本书把这类不确定性风险因素归为高层民用建筑的第三类火灾风险源。

这里基于高层民用建筑火灾的“三类”风险源辨识，结合《建筑设计防火规范》（2018 年版），通过对大量高层建筑火灾案例的调查研究及文献资料查阅，运用典型事件分析法，最终确定高层建筑火灾风险评估的主体特征（即一级指标），分别为高层建筑防火能力、高层建筑灭火能力、高层建筑安全疏散能力及高层建筑安全管理水平四个方面，如图 2.1 所示。

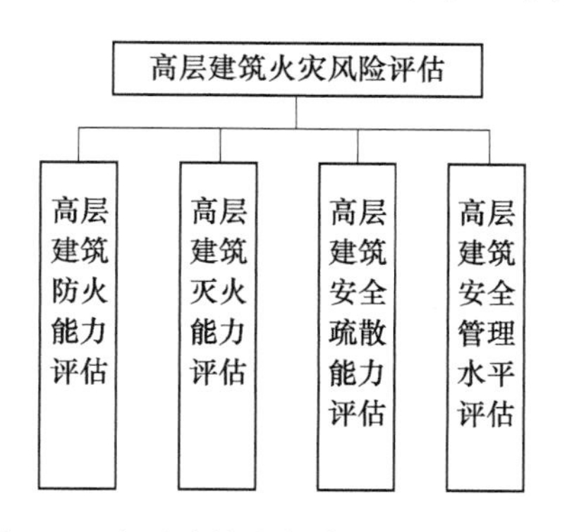

图 2.1　高层建筑火灾风险评估主体特征

但在实际应用中，上述主体特征（一级指标）的缺陷所导致的高层建筑火灾事故，往往是由其下属的各种不确定性风险影响因素所引起的。因此，为了使得评估更为科学且具备更好的可操作性，这里将上述主体特征细化为其具体特征（即影响其的主要不确定性风险因素），并建立其具体特征空间，即将上述一级指标细化为具体的二级指标和三级指标，并建立其指标集。采用典型事件分析法的特征（指标）获取具体过程将在2.2中阐述。

2.2 高层建筑防火能力分析

高层民用建筑防火能力是指，在建筑设计中应考虑防火方面的设计，以防其火灾的发生，或在火灾发生后能及时阻止火灾的蔓延。本书研究发现，高层民用建筑防火能力可概括为火灾发生前的预防和火灾发生后的控制应对两大方面内容。前者主要包括控制可燃物数量，提高设备的可靠性等；后者主要包括进行合理的建筑防火分区，设置防排烟设施等。具体可归纳如下。

2.2.1 建筑总图布置

在进行高层建筑总平面设计时，应根据所在城市的规划，建筑自身的使用性质、高度、规模等因素，合理确定高层建筑的位置、防火间距等，以防建筑周边火灾风险源的影响，并便于在发生火灾的情况下，消防救援等车辆能够及时靠近。

典型事件：2021年，河北省石家庄市众鑫大厦发生火灾；2021年，辽宁省大连市凯旋国际大厦发生火灾。由于建筑平面布局合理，消防车能够迅速靠近着火点，及时扑灭大火，损失较小。因此，高层建筑设计时，必须合理确定其与周边建筑的防火间距等平面布局因素。一方面，可以防止建筑周边火灾风险源的影响；另一方面，在其一旦发生火灾时，外部消防车辆能够及时靠近灭火。

典型事件：1972年，巴西圣保罗市31层的安德拉斯大楼发生火灾。在外界风力作用下，该建筑对面30m处的两栋居民公寓楼也被卷入大火。依据《建筑设计防火规范》（2018年版），高层建筑间安全间距不得小于13m，高层建筑与其他民用建筑间不应小于9m。因此，高层建筑与其他建筑间必须保持一定的安全间距。

据调查，目前在北京、上海、广州、武汉、南京、厦门等大中城市，新建的各种高层建筑间实际防火间距，一般长边方向为20～30m，短边方向为 12 ~ 15m。其中，部分高层建筑长边方向的防火间距达 40 ~ 50m。

同时，周边环境中可燃物等火灾风险因素的存在，对高层建筑火灾的发生也有直接影响。典型事件：2015 年，天津市滨海新区“8·12”事故，造成周边建筑内 55 人死亡，数百人受伤。可见，高层建筑应尽可能远离周边的重大火灾危险源，如生产或存储易燃物的仓库等。

综上所述，本书最终确定影响高层建筑平面布局的主要风险因素为防火间距和建筑周边环境。

2.2.2 建筑耐火等级

典型事件：2003 年，湖南省衡阳市某商住楼发生火灾。火灾发生 3h 后，建筑部分楼体突然坍塌，导致 20 名消防员死亡，15 名消防员和新闻记者受伤。可见，高层建筑的结构耐火能力对于阻止火灾蔓延和消防救援具有重要作用，只要高层建筑的耐火等级高，即使火灾发生时建筑局部烧损，其整体也不会倒塌。

根据《建筑设计防火规范》（2018 年版）要求，高层民用建筑的耐火等级须满足一、二级耐火的要求。研究表明，高层建筑的耐火等级主要由其结构的耐火等级和装饰材料耐火性等决定，而目前由于装饰装修材料不当导致的高层建筑火灾隐患尤为突出。

典型事件：2015 年，山西省晋中市某高层建筑发生火灾。由于该建筑外墙使用铝塑板等违规装饰材料，致使虽然消防部门能够及时灭火，但该建筑的过火面积仍达 7200m^2。2009 年的北京市中央电视台总部大楼北配楼火灾、2021 年的河北省石家庄市众鑫大厦火灾等，也均是由于外墙保温及装饰材料问题间接引发的。

最新防火规范中特别提到了关于建筑保温和外墙装饰材料的规定。例如，建筑的内、外保温系统，宜采用 A 级材料，不宜采用 B2 级材料，严禁采用 B3 级材料。建筑外墙的装饰层应采用 A 级材料，建筑高度不大于 50m 可采用 B1 级材料。

2.2.3 电气防火

典型事件：2017 年，英国伦敦市某高层公寓楼发生火灾，造成 81 人死亡，系四层一房间内冰箱自燃引发；2007 年，浙江省温州市温富大厦特大火灾，造成 21 人死亡，系某花店照明线路短路导致。据统计，建筑电气火灾约占建筑火灾总数的 30%，目前，由电气设施等问题导致的火灾在高层建筑火灾中居于首位。因此，高层建筑防火风险评估中必须考虑电气设施的防火安全。高层建筑电气火灾主要受电气设备可靠性、电气设备安全防护、电线/电缆耐火性能三个主要不确定性风险因素的影响。

1. 电气设备的可靠性

典型事件：2021 年，辽宁省大连市凯旋国际大厦火灾，系楼内电器故障引发；2021 年，辽宁省大连市西岗区某高层住宅火灾，系建筑外墙空调挂机起火引发。

高层建筑内各种电气设备在运行时会发热，通断电流、过负荷或短路时则会产生电弧和火花，从而将设备周围的易燃物引燃，导致火灾发生。

2. 电气设备的安全防护

典型事件：2021 年，中国香港铜锣湾世贸中心火灾，系电力设施起火引燃附近装修棚架所致；1994 年，新疆维吾尔自治区克拉玛依市友谊馆火灾，导致 323 人死亡，130 人受伤，系舞台柱灯烤燃附近纱幕所致。

可见，除了电气设备自身的可靠性，对高层建筑电气设备的安全防护也非常重要。特别是电气设备靠近可燃物时，应采取可靠的保护措施。例如，根据《建筑设计防火规范》（2018 年版）的规定，卤钨灯、大功率吸顶灯、嵌入式灯的引入线应采取 A 级材料作隔热保护。功率 60W 以上的卤钨灯、白炽灯等不应直接安装在可燃物体上，或应采取其他防火措施。设备线路暗敷设时，应敷设在不燃结构内并穿保护管，保护层厚度不应小于 30mm 等。

3. 电线/电缆耐火性能

此外，研究发现，绝大多数高层建筑电气火灾事故是由于线路短路或过负荷，导致过热着火引起的。究其原因，现代高层建筑中，线缆密集，布设隐蔽，一旦着火，发现困难，易造成火势的蔓延。

典型事件：2018 年的美国纽约市特朗普大厦火灾、2013 年的广东省广州市建业大厦火灾等，均系电线短路引发；2021 年，陕西省西安市碑林区某高层建筑发生火灾，导致 1 人死亡，系电气线路过负荷引发。

2.2.4 火灾荷载

典型事件：1980 年，美国拉斯维加斯的米高梅饭店发生火灾。由于该饭店采用了大量可燃性的建筑装修材料，且家具和陈设大多是木质的，导致建筑内火灾荷载很大，加之该建筑内缺少必要的防火分隔和防烟措施，因此，当建筑一楼发生火灾时，火势迅速蔓延，最终导致 80 多人死亡、600 多人受伤。

火灾荷载是衡量建筑内可燃物数量的一个重要参数，指建筑内可燃物燃烧时产生的总热量，决定着火灾的强度和持续时间，当火灾荷载突破了主要建筑构件的耐火性能和耐火极限时，就会导致建筑坍塌。为了定量描述火灾荷载，引入火灾荷载密度的概念。火灾荷载密度是指单位面积上可燃物的总发热量，即建筑内可燃物的总发热量与其面积之比。高层建筑火灾荷载密度的大小直接关系到其火灾火势的猛烈程度。当火灾荷载密度大时，火势猛烈，升温快、持续时间长，高层建筑倒塌随时可能会发生，且事故并无明显的前兆，从而导致允许建筑内人员逃生的时间极短。

2.2.5 防火分区

典型事件：2015 年，迪拜火炬大厦发生火灾，由于防火分区和防排烟设施完善，所以没有造成人员伤亡；而 1974 年的巴西焦马大楼火灾和 1972 年的巴西安德拉斯大楼火灾，由于缺少必要的防火分区或防火分区设置不合理，最终导致数百人伤亡。可见，合理的防火分区可以使高层建筑发生火灾时，把火势控制在一定范围内，为人员安全疏散和火灾扑救提供有利条件。

根据《建筑设计防火规范》（2018 年版）的规定，高层民用建筑防火分区的最大允许建筑面积一般不应大于 1500m^2，有自动灭火系统时，最大允许建筑面积一般不应大于 3000m^2；高层建筑内地下或半地下建筑（室）防火分区的最大允许建筑面积一般不应大于 500m^2，有自动灭火系统时，最大允许建筑面积一般不应大于 1000m^2。因此，高层建筑防火安全必须考虑合理的建筑防火分区。

2.2.6 防排烟能力

调查发现，通常高层建筑发生火灾时，直接被火烧死的人很少，绝大多数人员伤亡均是烟熏导致。研究表明，火灾事故死亡人数中因有毒烟气导致窒息死亡的人数占60%以上。因此，有效的防排烟设计是减少高层建筑火灾人员伤亡的重要举措之一。

典型事件：2016年，湖北省武汉市紫荆嘉苑小区某住宅楼发生火灾，导致7人死亡，系电缆井失火使有毒烟气蔓延至楼道所致；2000年，河南省洛阳市东都商厦发生特大火灾，虽然起火点在地下二层，但地上四层娱乐城内的309人却被烟熏致死。

可见，防排烟系统在高层建筑消防安全中十分重要。结合文献资料，高层建筑的防排烟能力可通过防排烟设施的完好情况、防排烟系统设计的合理性两个方面进行综合评价。

基于以上典型事件分析，本书建立了高层建筑防火能力评估指标体系，如图2.2所示。

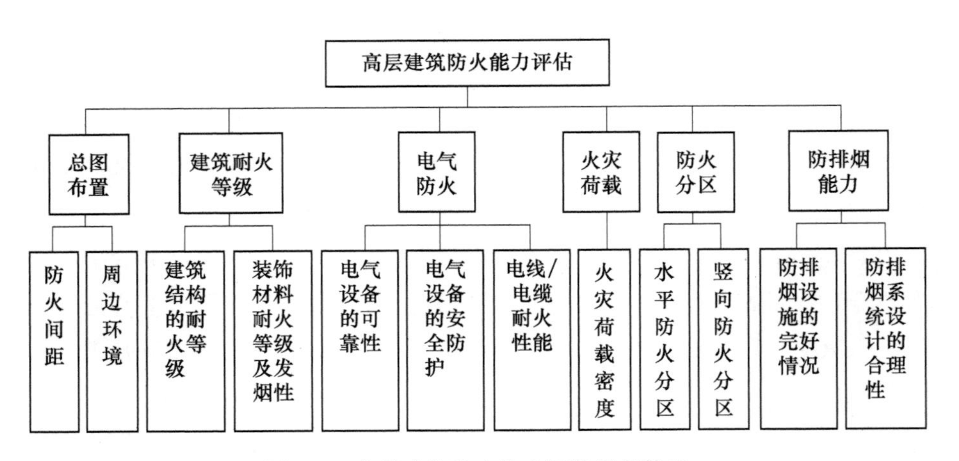

图2.2 高层建筑防火能力评估指标体系

2.3 高层建筑灭火能力分析

高层民用建筑灭火能力是指，在建筑设计中采取直接扑救或限制火灾发展的有关技术措施，能够及时进行火情报警，并实施有效的控制或扑救，尽可能降低火灾发生后的危害。

2.3.1 建筑自身的灭火能力（即消防设施等）

我国相关建筑消防规范中明确提出了高层建筑火灾应立足自救的原则，即要重点提高高层建筑自身的灭火能力。

1. 火灾自动报警系统

典型事件：2021年12月，四川省成都市宜峰小区某高层建筑发生火灾。由于火灾烟雾报警器未能及时报警，强电井起火波及16层楼，导致部分居民被困家中和电梯中。

火灾自动报警系统是现今高层建筑消防系统的核心。《建筑设计防火规范》（2018年版）中明确指出，任一层建筑面积大于1500m^{2}或总建筑面积大于3000m^{2}的商场、金融、病房、旅馆等建筑，以及高层住宅建筑的公共部位等，均应设置火灾自动报警系统。

2. 自动喷水灭火系统

典型事件：2021年11月，湖北省武汉市中城悦城小区一栋住宅12层室内发生火灾。消防员到场后，发现厨房正在冒烟但没有明火，无人员被困，原来是厨房喷淋自动启动已将火扑灭。

据统计，建筑自动喷水灭火系统对一般建筑火灾的灭火成功率可以达到90%以上。根据《建筑设计防火规范》（2018年版）的规定，高层公共建筑、高层建筑内的娱乐场所、100m以上住宅建筑的公共部位和房间等，均应设置自动喷水灭火系统。

3. 消火栓灭火系统

典型事件：2013年12月，山东省济南市历城区某小区高层住宅发生火灾。当消防队员到达起火的建筑，准备展开救援时，却发现楼内的消防栓根本没有水，消防水带只是摆设，且没有配备水泵接合器，导致消防队员无法通过水泵将水输送至起火楼层。无奈，消防队员只能扛着一盘盘消防水带，一节一节地往楼上接，每盘近10kg的消防水带，消防队员用了三四十盘才铺设到起火的第17层，导致火灾救援速度非常缓慢，事故最终造成3人死亡。再如，2006年1月，浙江省杭州市拱北小区永宁坊13幢20

层某住户发生火灾，原本只是零星小火，结果因大楼内外的消防栓都没有水，延误了最佳救火时机等。

根据《建筑设计防火规范》（2018 年版）规定，高层公共建筑和建筑高度大于 21m 的住宅建筑，应设置室内消火栓系统。人们普遍认为，只要消防车到达火灾现场，就可以立即用水把火扑灭。然而，现实情况是，消防车中有相当一部分是没有带水的，诸如举高消防车、消防抢险救援车、火灾现场照明车等，它们必须和灭火消防车配合使用。而一些灭火消防车因自身携带的水量有限，在灭火时也急需水源，此时消防栓就可以发挥出可靠的供水功能。因此，高层建筑应设置室内外消火栓系统。

4. 其他灭火系统

此外，便携式灭火器、干粉灭火系统以及泡沫灭火系统等，在高层建筑防火中也起着非常重要的作用。

5. 消防水源

根据对武汉市、上海市、株洲市等火灾扑救失利的事故案例统计，造成火势蔓延的 80% 以上的事故是由于缺乏可靠的消防水源所致。

典型事件：2013 年 12 月，广东省广州市越秀区建业大厦发生火灾。虽然出动消防车较多，但消防水源供给不足，火灾迟迟不能被扑灭，最后整个大厦基本被烧空。

参照《建筑设计防火规范》（2018 年版）的规定，高层建筑室内外消防用水量应满足要求。

2. 3. 2　消防队的灭火能力

1. 消防车道

根据原公安部消防局 2017 年的排查数据，有 11. 7 万栋高层住宅占用、堵塞、封闭疏散通道、安全出口，占总数的 18. 6%；并且在全国 23. 5 万幢高层住宅建筑中，未设置自动消防设施的占到 46. 2%；另设有自动消防设施的高层建筑，平均完好率不足 50%。

典型事件：2019 年 12 月，重庆市涪陵区踏水桥小区某居民楼发生火灾。消防车在将要抵达火场时遇到了被小汽车堵塞消防通道的情况，消防员不得不先行下车徒步奔向火场。火灾导致6人死亡。2020年1月，重庆市渝北区加州花园小区某居民楼发生火灾。火苗从2层窜到30层，所幸附近市民合力掀翻和抬走堵路车辆给消防车让路，救援及时，才无人伤亡。

消防车道是高层建筑火灾发生后，依靠外在消防力量进行火灾扑救的关键一环。例如，根据《建筑设计防火规范》（2018年版）的规定，高层建筑应设置环形的消防车道或沿两个长边的消防车道。边长150m以上或总长220m以上的高层建筑，应设置穿过建筑的消防车道。消防车道的宽度不应小于4m，坡度不应大于8%，距建筑的外墙不应小于5m，空间4m范围内无障碍物。重型消防车的回车场应不小于18m×18m，一般消防车应不小于15m×15m。

2. 消防电梯

典型事件：2020年5月，上海市宝山区祁华路某小区发生火灾。多位居民在发现火情后，慌乱之下选择乘普通电梯逃生，结果起火后停电导致电梯停运，6人被困电梯中。所幸消防救援人员及时赶到，在2层和14层利用破拆工具将两部电梯门拆开，才没有造成人员伤亡。

高层建筑发生火灾时，严禁将普通电梯当消防电梯作疏散之用。测试表明，消防员从楼梯攀登的有利登高高度一般不大于23m。因此，消防电梯可避免消防人员通过楼梯登高时间长、体能消耗大的不足，有利于消防人员迅速到达着火点以及建筑内人员的快速疏散，在高层建筑火灾扑救中起着重要作用。

典型事件：1996年11月，中国香港嘉利大厦大火造成41死80伤。事后查明，15层发生闪燃时，大厦正在进行电梯更换工程，4部消防电梯中的2部被移去，且1层至3层的消防电梯被改作货仓使用，导致火灾发生时消防电梯根本不能发挥作用。

与之对照，高层建筑利用消防电梯成功逃生的典型事件：1974年2月，巴西圣保罗市焦马大楼发生火灾。当时楼内共有756人，在火灾发生初期，4部电梯共成功疏散了300多人，占生还者的71%。美国“9·11”事件中，被撞毁的世贸中心的两幢大厦中有208部电梯，由于设计方案中消防电梯与一般工作电梯可以兼用，因此事故发生时紧急疏散了大量人群，堪称高层建筑应急疏散的经典案例。

根据《建筑设计防火规范》(2018 年版)的规定,高度超过 33m 的住宅建筑、一类高层公共建筑和高度超过 32m 的二类高层公共建筑、埋深大于 10m 且总建筑面积大于 3000m² 的其他地下或半地下建筑(室),都应设置消防电梯。而且高层建筑消防电梯的设置数量应符合下列规定:每个防火分区不应少于 1 台,相邻两个防火分区可共用 1 台消防电梯。消防电梯宜分别设在不同的防火分区内,载重量不应小于 800kg,从首层至顶层的运行时间不宜大于 60s,消防电梯间前室门口宜设挡水设施。

3. 消防队的数量及业务水平

典型事件:2017 年 6 月,英国伦敦市某高层公寓楼发生火灾。尽管有 45 辆消防车、200 多名消防员参与救援,但火灾仍造成 81 人遇难。2013 年 12 月,广东省广州市越秀区建业大厦火灾,广州市消防局先后调动了 28 个中队、58 辆消防车、380 余名消防人员到达火灾现场灭火,耗时十几个小时,才将大火彻底扑灭。

因此,随着越来越多高层建筑的出现,也对城市消防队的消防能力提出了更高要求。高层建筑附近区域内消防队伍数量、消防救援人员的业务素质、消防救援器材的先进性都直接影响到能否快速、有效、科学地进行火灾扑救。《江苏省高层建筑消防安全管理规定》中明确提出 100m 上以高层建筑应建立消防队,填补了江苏省在高层建筑消防安全管理方面立法的空白,其无疑也给国内其他城市高层建筑防火安全管理提供了积极的借鉴和参考。

基于以上典型事件分析,本书建立了高层建筑灭火能力评估指标体系,如图 2.3 所示。

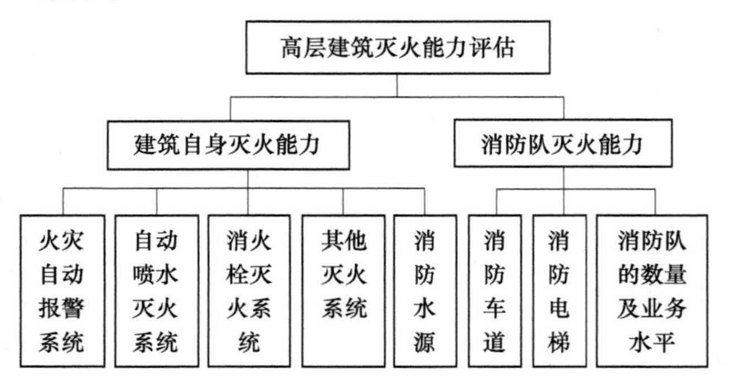

图 2.3　高层建筑灭火能力评估指标体系

2.4 高层建筑安全疏散能力分析

典型事件：2021 年 10 月，台湾省高雄市“城中城”大楼发生火灾，造成 46 人死亡，41 人受伤。事后调查表明，各楼层安全楼梯防火门、部分电梯门，以及 1 层至 5 层电扶梯安全门缺失，且楼梯间堆满杂物导致逃生不便，是造成惨重伤亡的主要原因。

可见，高层建筑一旦发生火灾，首先要做的是火灾现场人员的安全疏散。而大量火灾事故表明，安全疏散设计的缺陷是造成高层建筑重大人员伤亡的一个主要原因。

2.4.1 疏散通道

典型事件：2003 年 2 月，黑龙江省哈尔滨市天潭大酒店发生特大火灾，造成 33 人死亡。事后查明，疏散通道堵塞、安全出口锁闭是导致人员伤亡的主要原因。2013 年 10 月，广东省东莞市某民宅发生火灾，由于防盗网堵住了逃生通道，造成楼内 5 人遇难。

安全疏散通道是高层建筑火灾安全逃生最重要的途径。高层建筑火灾发生后，现场会比较混乱，建筑内的人员必然都会涌向疏散通道，而如果紧急疏散通道设计不合理，或者标志不明显，必然会增加人群的恐慌，影响疏散的速度，甚至出现踩踏事故，造成人员伤亡。

1. 安全疏散路线

典型事件：2004 年 2 月，吉林省吉林市中百商厦发生火灾。由于楼梯间不封闭，楼梯底层又没有直接通向楼外的安全疏散出口，导致楼上人员只有穿过一楼的营业厅才能到达楼外，致使一楼起火后，楼内人员根本无法迅速疏散。火灾最终造成 54 人死亡，70 人受伤。不合理的疏散路线是其根本原因之一。

高层建筑火灾紧急疏散时，室内人员要通过疏散走道或疏散楼梯间迅速到达室外或安全地点。这样的疏散路线即为安全疏散路线，应一步比一步安全，不能产生“逆流”现象。因此，在高层建筑设计中，应尽量布置环形走道、双向走道、“人”字形走道等，避免袋形尽头式走道。

2. 安全疏散距离

安全疏散距离是指从房间疏散门或直通疏散走道的户门到最近的安全出口的最大直线距离。美国、英国、法国等国家规定建筑的安全疏散距离为30m。根据《建筑设计防火规范》（2018年版）的规定，高层建筑中，位于两个安全出口之间的房间的安全疏散距离应小于40m，位于袋形走道两侧或尽端房间的安全疏散距离应小于20m。

3. 安全出口数量

典型事件：1994年11月，辽宁省阜新市艺苑歌舞厅发生火灾。火灾发生时，由于两个安全出口中一个被封堵，导致300多人只能从另一个安全出口逃生，但该出口只有0.80m宽，结果造成233人死亡，21人受伤。

根据《建筑设计防火规范》（2018年版）的规定，高层建筑的安全出口应分散布置，且公共建筑中各防火分区的安全出口不应少于两个。高层住宅建筑中，当每个单元任一层的建筑面积大于650m^2，或任一户门至最近安全出口的距离大于10m或高度超过54m时，每个单元每层的安全出口均不应少于两个。

同时，英国、新加坡、澳大利亚等国家的建筑规范对相邻安全出口的间距均有较严格的规定。例如，法国《公共建筑物安全防火规范》规定公共建筑物两个安全出口之间不应小于5m；《澳大利亚建筑规范》规定两个安全出口之间不应小于9m。我国《建筑设计防火规范》（2018年版）规定，高层建筑相邻安全出口的水平距离不应小于5m。

4. 安全疏散宽度

根据《建筑设计防火规范》（2018年版）的规定，高层公共建筑内安全出口和疏散门的净宽不应小于0.9m，疏散楼梯和疏散走道的净宽不应小于1.1m，首层疏散门、疏散走道、疏散楼梯的最小净宽不应小于1.2m。高层住宅建筑的户门、安全出口、疏散走道和疏散楼梯的净宽应经计算确定，且户门和安全出口的净宽度不应小于0.90m，疏散走道、疏散楼梯和首层疏散门的净宽度不应小于1.10m。

5. 安全疏散指示标志

根据《建筑设计防火规范》（2018年版）的规定，高层公共建筑、建筑高度大于 54m 的住宅建筑等应设置灯光疏散指示标志。指示标志应设置在安全疏散出口的正上方，疏散走道距地 1m 以下的墙面上，间距不应大于 20m。对于尽头式的袋形走道，指示标志的间距不应大于 10m，且转角处不应大于 1.0m。

2.4.2 疏散和引导设施完备性

典型事件：巴西圣保罗市焦马大楼发生火灾，造成 227 人死亡，300 多人受伤。其重要原因之一是安全疏散设计存在严重缺陷。设计方案中，建筑里只有一座敞开的楼梯间，且无疏散指示标志和应急照明，导致火灾之后，起火层以上的人员无法及时疏散到室外安全地带。

可见，疏散和引导设施的完备性对减少高层建筑火灾中人员伤亡同样具有非常重要的作用。

1. 疏散楼梯

典型事件：2021 年 10 月，福建省厦门市罗宾森二期小区内某高层住宅发生火灾。有居民试图从疏散楼梯下楼，结果却被楼道中的烟呛回，事故导致 2 人死亡，1 人受伤。2022 年 7 月，贵州省贵阳市绿苑小区某居民楼发生火灾。尽管火灾发生在 401 室，但由于五层未关闭防火门，导致烟气进入楼梯间，致使五层人员无法逃生，事故最终导致五层 3 人死亡、2 人受伤。

高层建筑发生火灾时，除消防电梯外，疏散楼梯基本是用于人员疏散的唯一安全通道。因此，根据《建筑设计防火规范》（2018 年版）的规定，疏散楼梯间应采用自然采光和自然通风，并靠外墙进行设置。楼梯间及其前室外墙上的窗口与两侧门、窗、洞口最近边缘的水平距离应不小于 1.0m。高层建筑应尽可能设置封闭楼梯间或防烟楼梯间。

2. 应急照明

典型事件：2010 年 12 月，福建省福州市中亭街 B 区高层公寓八层仓库发生火灾。楼内几十户居民逃生到四层时发现，四层以下的消防应急灯都不亮，幸好有居民拿了手电筒，加之人不多，才没有造成人员伤亡。应急照明在高层建筑火灾安全疏散中具有重要作用，可以有效避免人员的恐慌和踩踏，减少不必要的伤亡。

根据《建筑设计防火规范》（2018 年版）的规定，高层建筑应急照明的地面最低照度：楼梯间及其前室，应不低于 5.0lx，人员密集场所和避难层（间）应不低于 3.0lx，疏散走道应不低于 1.0lx，应急照明和疏散指示标志连续供电时间一般不应少于 30min，超过 100m 的超高层建筑不应少于 90min。

3. 火警广播等引导系统

典型事件：2002 年 7 月，北京市凯迪克大酒店发生火灾。由于火灾发生在夜间，房客没有听到火警广播逃生，造成两名来北京旅游的中国香港女学生丧生，1 名韩国学生受伤。2001 年 9 月，在纽约世贸中心恐袭爆炸引起的火灾事故中，因为大楼内的通信系统遭到破坏，消防指令无法传递到上层建筑，导致 5 万人未听到消防广播指令而慌乱逃离大楼。

因此，当发生火灾时，高层建筑火警消防广播及通信等系统可用于及时传递疏散信息和灭火指令，启动有关设备（警铃等），组织人员有序疏散等。

4. 避难层和救生避难设施

典型事件：广东省广州市广东国际大厦分别在 24 层、41 层、61 层设置了避难层；北京市京广中心大厦分别在 23 层、42 层、51 层设置了避难层；上海市瑞金大厦分别在 9 层和顶层设置了避难层等。1972 年 2 月，巴西圣保罗市安德拉斯大楼发生火灾。由于该大楼屋顶设有直升机停机坪，火灾发生后，通过直升机从大楼营救出了 400 多人。1973 年 7 月，哥伦比亚波哥大市航空楼发生火灾，通过直升机从楼顶救出了 250 多人。

研究发现，避难层或避难间的设置是在火灾发生时保障高层建筑内人员安全脱险的一项有效举措。根据《建筑设计防火规范》（2018 年版）的规定，建筑高度超过 100m 的公共建筑，应设置避难层（间）。避难层的设置应符合：第一个避难层（间）的楼地面距灭火救援场地地面不应大于 50m，相邻避难层间的高度不应大于 50m；避难层（间）的净面积应按 5 人/m^2 计算；避难层应设置消防电梯出口，出口处应设置明显的指示标志，有防排烟设施，外窗应采用乙级防火窗等。此外，建筑高度超过 100m 且标准层建筑面积超过 2000m^2 的公共建筑，应设置屋顶直升机停机坪等。

5. 其他疏散设施

2020 年审议通过的中华人民共和国应急管理部令（第 5 号）《高层民用建筑消防安全管理规定》中第 30 条提到：高层公共建筑的业主、使用人应当按照国家标准、行业标准配备灭火器材以及自救呼吸器、逃生缓降器、逃生绳等逃生疏散设施器材。

典型事件：2004 年 7 月，以色列首次在一栋 21 层的高层建筑中安装了 5 个逃生救援舱，从而使该建筑在紧急情况下可以一次紧急疏散 150 人。2005 年，美国国土安全部对该安全疏散救援舱授予“反恐技术认证”。我国国内也开发了类似的产品，例如，北京市西城区人民政府、安贞医院、复兴医院和中国电信总部大楼均安装了救援舱。

此外，高层民用建筑的其他疏散设施还包括缩放式滑道、缓降器、室外疏散救援舱等。目前，缩放式滑道已被日本防火规范认可为一种安全的疏散方式。而室外疏散救援舱适用于建筑内行动不便人员的疏散，但一次性投资较大，操作比较复杂。

基于以上分析，本书建立了高层建筑安全疏散能力评估指标体系，如图 2.4 所示。

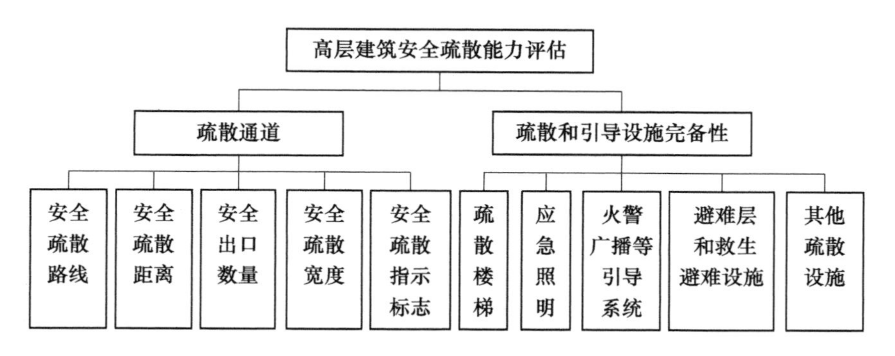

图 2.4 高层建筑安全疏散能力评估指标体系

2.5 高层建筑安全管理水平分析

典型事件：2017 年 12 月，天津市河西区君谊大厦 1 号楼泰禾“金尊府”项目发生一起重大火灾事故，造成10人死亡，5人受伤，直接经济损失约2516.6万元。事故直接原因是烟蒂等遗留火源引燃可燃物。2021年5月，北京市朝阳区立水桥某居民楼11层起火，所幸火灾发生在白天且救援及时，未造成人员伤亡。事件直接原因系电动车电瓶在室内充电引燃周边可燃物。

纵览建筑火灾事故的起因，人为因素造成的建筑火灾事故占总数的85%以上。因此，根据第三类火灾风险源理论，减小并控制高层民用建筑火灾风险，还必须考虑高层民用建筑的防火安全管理水平。

2.5.1 消防安全制度的建立与执行

典型事件：2022年4月，甘肃省临夏县消防救援大队监督执法人员在对双城新区藏商家苑小区进行消防安全检查时，发现该高层住宅小区消防控制室竟然无人值守。2022年7月，广东省佛山市消防救援支队顺德区大队在对某商业大厦开展“夜间”错时检查时发现，该单位安排不具备相关资质的人员到消防控制室进行值班值守，且存在消防设施维保报告无有关人员签名等情况。

因此，消防安全制度是高层建筑火灾防控和管理的关键一环，只有建立严格的消防责任制度、消防监管制度、动火审批制度等，才能尽可能地避免高层建筑火灾的发生。

1. 消防安全制度的完善性

典型事件：2012年10月，江苏省扬州市瑞丰商厦发生火灾。该大厦属多产权、多管理权单位，消防设施维修资金一直不到位，导致消防泵不能启动、喷淋设施不出水等问题一直未得到解决。当火灾发生时，火灾初期控制不力，火势迅速蔓延，造成重大财产损失和社会负面影响。

目前，高层建筑多产权或产权与使用权分离的现象非常普遍，造成消防安全管理工作无人牵头，消防安全组织机构不健全，消防设施缺少维护保养，消防安全状况令人担忧。部分高层建筑可采用物业管理来解决这一问题，但物业管理单位人员流动性大，大多仍沿袭保安的工作职责，加之缺少必要消防技能培训，消防安全意识普遍不强，消防检查流于形式，对火灾隐患点视而不见，易导致火灾事故的发生。因此，高层建筑必须建立健全岗位责任制度、消防设施维护管理制度、火灾事故报告制度等消防安全制度，以明确消防管理的责任主体。

2. 消防设施定期检修检查

典型事件：2000 年 12 月，河南省洛阳市东都商厦发生特大火灾。虽然该商厦设有火灾自动报警系统和自动喷水灭火系统，但由于年久失修，火灾时根本不能运行，最终造成 309 人死亡，7 人受伤。

因此，高层建筑在使用过程中，其火灾自动报警系统、消火栓、防火卷帘、防排烟设备等消防设施都必须定期进行严格检查和维护，以免火灾发生时成为摆设，不能发挥作用。

2.5.2 应急预案的完善性

典型事件：2009 年 4 月，江苏省南京市中环国际广场发生火灾。由于该建筑事先制定了完善、有效的应急预案，因此，当火灾发生后，只用了不到一小时，火灾即被扑灭。期间紧急疏散 410 人，且无一人伤亡，成为全国扑救高层建筑火灾最为成功的案例之一。

大量火灾案例表明，在面临突发火灾事故时，有效的应急救援预案能够预先整合高层建筑的人力、信息等资源，避免火灾现场慌乱失控，是控制高层建筑火势蔓延及减少火灾事故损失的重要举措。

2.5.3 人员防火教育情况

典型事件：2005 年 10 月，福建省福州市世纪新华都酒店发生火灾。由于房客不懂高层建筑消防逃生知识，对疏散指示标志不清楚，有 5 人找不到疏散通道，被迫从窗口跳楼逃生，最终导致 3 人死亡，2 人重伤。2005 年 6 月，广东省汕头市华南宾馆发生火灾，造成 31 人死亡，20 多人受伤，原因为电线短路引燃可燃物，以及消防意识淡薄、监督检查不力。

消防宣传教育是高层建筑消防安全管理工作的一个重要方面。研究发现，很多高层建筑火灾事故都是由于建筑内人员的疏忽大意、违章操作、用电和用火不慎等原因引起的。通过开展消防安全宣传和教育，可以使人们意识到高层建筑防火的重要性，了解防火的基本常识，掌握紧急疏散、逃生技能和简单的灭火方法。高层建筑里的人员防火教育应包括消防管理人员的教育和公众的宣传教育等。

基于以上分析，本书建立了高层建筑安全管理水平评估指标体系，如图 2.5 所示。

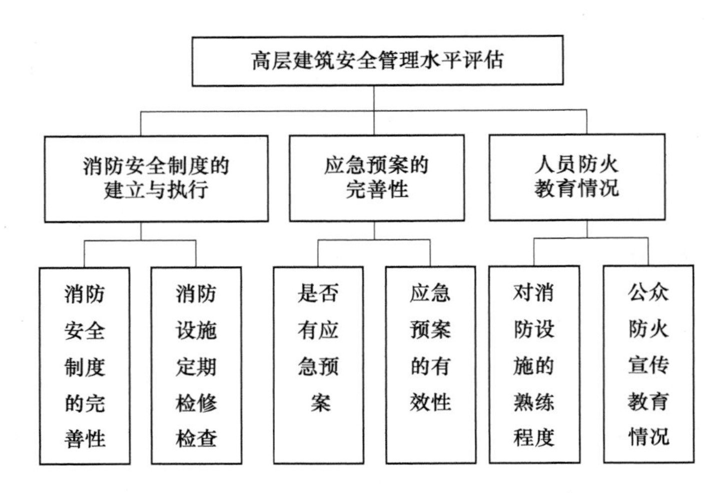

图 2.5　高层建筑安全管理水平评估指标体系

2.6　高层建筑火灾风险评估指标体系的建立

研究表明，大多发生的高层建筑火灾事故，一般都不是单一火灾风险因素作用的结果，而是多个火灾风险因素综合作用的结果。因此，本书最终建立了高层民用建筑火灾风险评估指标体系，如图 2.6 所示。该评估指标体系包括一级指标 4 个，二级指标 13 个，三级指标 37 个。通过科学地构建高层建筑火灾风险评估指标体系，确定评估对象的特征空间，就可以为准确评估和综合分析各火灾风险因素对高层建筑火灾发生的影响奠定坚实基础。

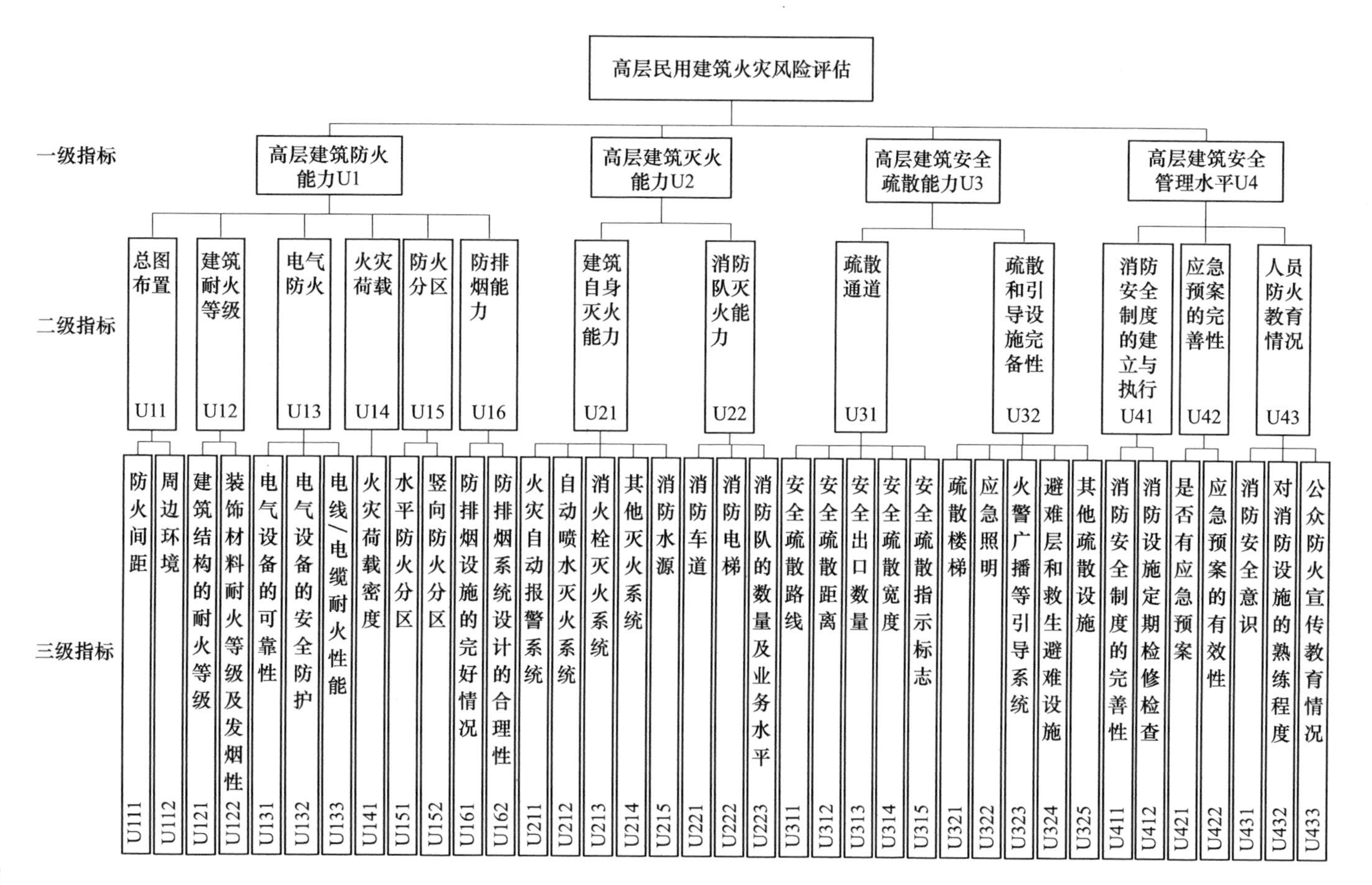

图 2.6 高层民用建筑火灾风险评估指标体系

3

高层建筑火灾风险未确知评估及实证分析

作为火灾研究领域最早认识到建筑火灾风险具有不确定性的重要学者之一，学者迈克尔·赫尔利（Michael Hurley）等认为：理论和模型的不确定性、数据和输入参数的不确定性、计算资源的限制、火灾场景的选取以及对火灾风险认知的差异等是建筑火灾风险不确定性的主要来源[33]。学者T. 尼尔森（T. Nilsen）等则指出，要想对高层建筑火灾风险进行准确评估，就必须考虑不确定性的影响[34]。在某种程度上讲，对高层建筑火灾风险评估本身就是对其发生的不确定性进行评价。因此，国内外一些学者对运用模糊评估法解决高层建筑火灾风险的不确定性问题进行了探讨。

3.1 模糊评估法

美国教授卢特菲·阿利亚斯卡·扎德（Lotfi Aliasker Zadeh）首先提出用隶属度函数（Membership Function）来描述模糊概念，创立了模糊集合理论，为模糊数学奠定了基础[35]。研究表明，事物越复杂，人们对它的认识也就越模糊，也就越需要模糊数学方法。由于高层建筑火灾风险评估的相对复杂性，采用模糊评估法进行火灾风险评估在理论上具有可行性。

3.1.1 模糊集合及其运算

1. 模糊集合（Fuzzy Sets）的内涵

传统集合中的元素是有精确特性的对象，称为普通集合。例如，“8～12之间的实数”是一个精确集合C，$C=\{实数\ r \mid 8\leqslant r\leqslant 12\}$，用特征函

数 $\mu_C(r)$ 表示其成员，即

$$\mu_C(r)=\begin{cases}1, & 8\leqslant r\leqslant 12\\0, & 其他\end{cases} \tag{3.1}$$

在模糊论域上的元素符合程度不是绝对的 0 或 1，而是介于 0 和 1 之间的一个实数。例如，“接近 10 的实数”是一个模糊集合 $F=\{r\mid 接近10的实数\}$，用“隶属度（Membership）” $\mu_F(r)$ 作为特征函数来描述元素属于集合的程度。普通集合与模糊集合的对比如图 3.1 所示。

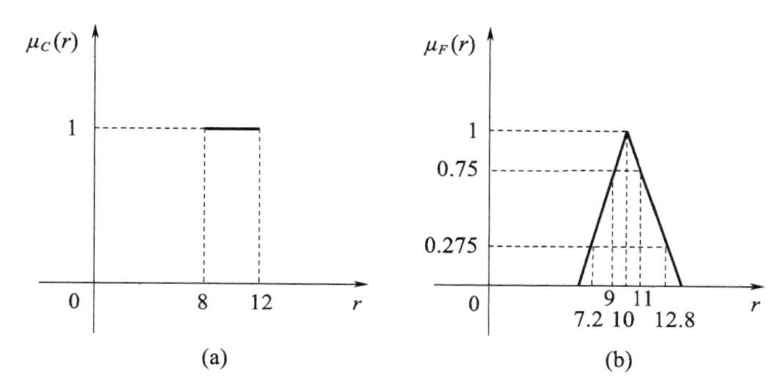

图 3.1 普通集合与模糊集合的对比

（a）普通集合；（b）模糊集合

模糊集合的定义如下：论域 U 中的一个模糊集合 F 是指，对于论域 U 中的任一元素 $u\in U$，都指定了 [0，1] 闭区间中的一个数 $\mu_F(u)\in[0,1]$ 与之对应，$\mu_F(u)$ 称为 u 对模糊集合 F 的隶属度。也可以表示成映射关系，即

$$\mu_F: U\rightarrow[0,1] \qquad u\rightarrow\mu_F(u) \tag{3.2}$$

这个映射称为模糊集合 F 的隶属度函数。模糊集合有时也称为模糊子集。

论域 U 中的模糊集合 F 可以用元素 u 及其隶属度 $\mu_F(u)$ 来表示，即

$$F=\{(u,\mu_F(u))\mid u\in U\} \tag{3.3}$$

以“年轻”“中年”“老年”为例，这三个年龄特征分别用模糊集合 A、B、C 表示，它们的论域都是 $U=[0,100]$，论域 U 中的元素都是年龄 u，可以规定模糊集合 A、B、C 的隶属度函数分别为 $\mu_A(u)$、$\mu_B(u)$、$\mu_C(u)$，如图 3.2 所示。

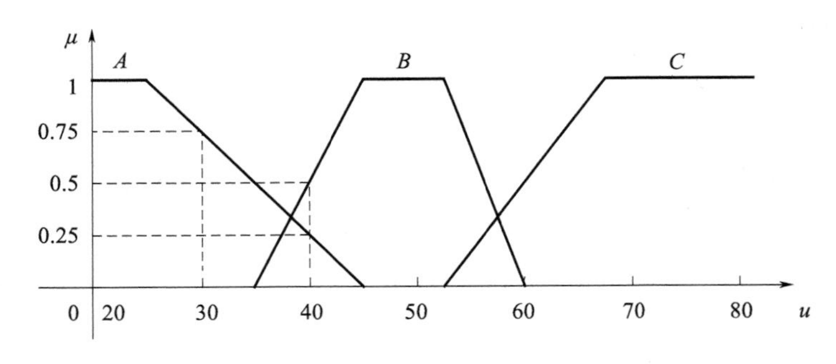

图 3.2 “年轻”“中年”“老年”的隶属度函数

2. 模糊集合的表示

1）离散论域

如果论域 U 中只包含有限个元素，该论域称为离散论域。设离散论域 $U=\{u_1, u_2, \cdots, u_n\}$，论域 U 中的模糊集合 F 可表示为

$$\begin{aligned} F &= \sum_{i=1}^{n} \frac{\mu_F(u_i)}{u_i} \\ &= \frac{\mu_F(u_1)}{u_1} + \frac{\mu_F(u_2)}{u_2} + \cdots + \frac{\mu_F(u_n)}{u_n} \end{aligned} \tag{3.4}$$

这只是一种表示法，表明对每个元素 u_i 所定义的隶属度为 $\mu_F(u_i)$，并不是通常的求和运算。

2）连续论域

如果论域 U 是实数域，即 $U \in R$，论域中有无穷多个连续的点，该论域称为连续论域。连续论域上的模糊集合可表示为

$$F = \int_{u \in U} \frac{\mu_F(u)}{u} \tag{3.5}$$

这里的积分号也不是通常的含义，式（3.5）只是表示对论域中的每个元素 u 都定义了相应的隶属度函数 $\mu_F(u)$。

3. 模糊集合的基本运算

1）基本运算的定义

设 A、B 是同一论域 U 上的两个模糊集合，它们之间包含和相等关系定义如下：

A 包含 B，记作 $A \supset B$，有

$$\mu_A(u) \geqslant \mu_B(u), \quad \forall u \in U \tag{3.6}$$

A 等于 B，记作 $A=B$，有

$$\mu_A(u) = \mu_B(u), \quad \forall u \in U \tag{3.7}$$

显然，$A=B \Leftrightarrow A \supset B$ 且 $A \subset B$。

设 A、B 是同一论域 U 中的两个模糊集合，隶属度函数分别为 $\mu_A(u)$ 和 $\mu_B(u)$，它们的交、并、补运算定义如下：

A 与 B 的交，记作 $A \cap B$，有

$$\begin{aligned}\mu_{A\cap B}(u) &= \mu_A(u) \wedge \mu_B(u) \\ &= \min\{\mu_A(u), \mu_B(u)\}, \quad \forall u \in U\end{aligned} \tag{3.8}$$

A 与 B 的并，记作 $A \cup B$，有

$$\begin{aligned}\mu_{A\cup B}(u) &= \mu_A(u) \vee \mu_B(u) \\ &= \max\{\mu_A(u), \mu_B(u)\}, \quad \forall u \in U\end{aligned} \tag{3.9}$$

A 的补，记作 $\bar{A}$，有

$$\mu_{\bar{A}}(u) = 1 - \mu_A(u), \quad \forall u \in U \tag{3.10}$$

式中：min 和 $\wedge$ 为取小运算；max 和 $\vee$ 为取大运算。

图 3.3 显示了模糊集合的三种运算对应的隶属度函数。

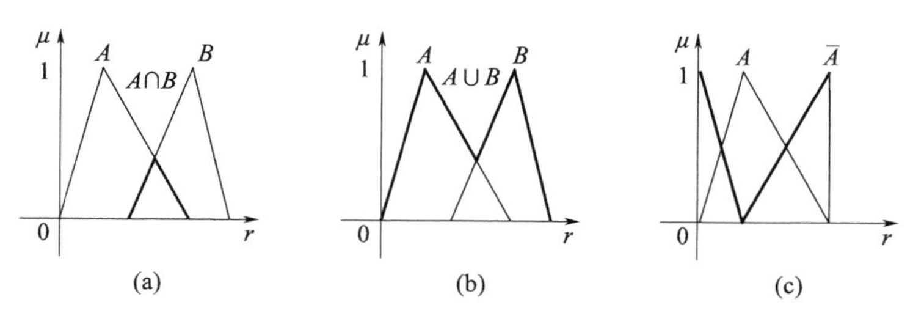

图 3.3 模糊集合的三种运算对应的隶属度函数

(a) A 和 B 的交；(b) A 和 B 的并；(c) A 的补

2）基本运算定律

论域 U 中的模糊全集 E 和模糊空集 ϕ 定义为

$$\mu_E(u) = 1, \quad \forall u \in U \tag{3.11}$$

$$\mu_\phi(u) = 0, \quad \forall u \in U \tag{3.12}$$

设 A、B、C 是论域 U 中的三个模糊集合，它们的交、并、补运算有下列定律：

（1）恒等律 $A\cup A=A$，$A\cap A=A$

（2）交换律 $A\cup B=B\cup A$，$A\cap B=B\cap A$

（3）结合律 $(A\cup B)\cup C=A\cup(B\cup C)$

$(A\cap B)\cap C=A\cap(B\cap C)$

（4）分配律 $A\cup(B\cap C)=(A\cup B)\cap(A\cup C)$

$A\cap(B\cup C)=(A\cap B)\cup(A\cap C)$

（5）吸收律 $(A\cap B)\cup A=A$

$(A\cup B)\cap A=A$

（6）同一律 $A\cup E=E$，$A\cap E=A$

$A\cup\phi=A$，$A\cap\phi=\phi$

（7）复原律 $\overline{\overline{A}}=A$

（8）对偶律（摩根律）$\overline{A\cup B}=\overline{A}\cap\overline{B}$

$\overline{A\cap B}=\overline{A}\cup\overline{B}$

以上 8 条运算定律，模糊集合和普通集合是完全相同的，但是普通集合的“互补律”对模糊集合却不成立（见图 3.4），即

$$A\cup\overline{A}\neq E,\quad A\cap\overline{A}\neq\phi$$

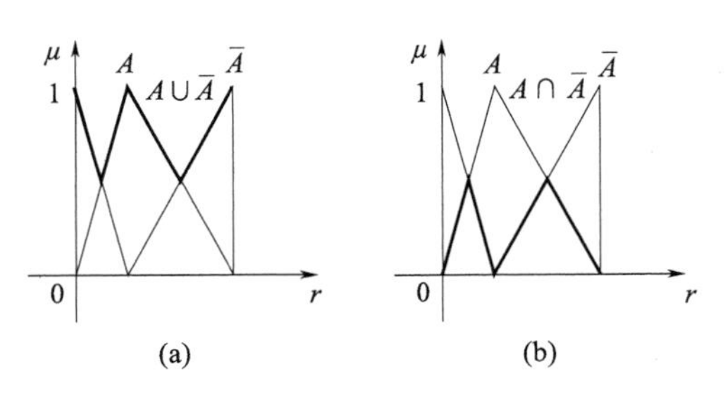

图 3.4　模糊集合的运算不满足“互补律”

（a）$A\cup\overline{A}\neq E$；（b）$A\cap\overline{A}\neq\phi$

4. 模糊关系

设有两个集合 A、B，A 和 B 的直积 $A\times B$ 定义为

$$A\times B=\{(a,b)\mid a\in A,b\in B\} \tag{3.13}$$

它是由序列（a，b）的全体所构成的二维论域上的集合。一般来说，$A\times B\neq B\times A$。

设 $A\times B$ 是集合 A 和 B 的直积，以 $A\times B$ 为论域的模糊集合 R 称为 A 和

B 的模糊关系。也就是说，对 $A\times B$ 中的任一元素（a，b），都指定了它对 R 的隶属度 $\mu_R(a,b)$，R 的隶属度函数 μ_R 可看作如下的映射。

$$\begin{aligned}\mu_R: A\times B &\rightarrow [0,1]\\ (a,b)&\rightarrow\mu_R(a,b)\end{aligned} \tag{3.14}$$

设 R_1 是 X 和 Y 的模糊关系，R_2 是 Y 和 Z 的模糊关系，那么 R_1 和 R_2 的合成是 X 到 Z 的一个模糊关系，记作 $R_1\circ R_2$，其隶属度函数为

$$\mu_{R_1\circ R_2}(x,z)=\bigvee_{y\in Y}[\mu_{R_1}(x,y)\wedge\mu_{R_2}(y,z)],\quad \forall(x,z)\in X\times Z \tag{3.15}$$

3.1.2 隶属度函数

正确地确定隶属度函数，是运用模糊集合解决评估实际问题的基础，是能否用好模糊集合的关键。目前，隶属度函数的确定方法大致有以下几种：

（1）模糊统计方法：用对样本统计试验的方法确定隶属度函数。

（2）例证法：从有限个元素的隶属度值来估计模糊子集隶属度函数。

（3）专家经验法：根据专家的经验来确定隶属度函数。

（4）机器学习法：通过神经网络的学习训练得到隶属度函数。

目前，常用的隶属度函数如下。

1. 三角形隶属度函数

三角形隶属度函数曲线如图 3.5 所示，解析式为

$$\mu_F(x)=\begin{cases}\dfrac{x-b}{a-b}, & b\leqslant x\leqslant a\\ \dfrac{c-x}{c-a}, & a<x\leqslant c\\ 0, & x<b \text{ 或 } x>c\end{cases} \tag{3.16}$$

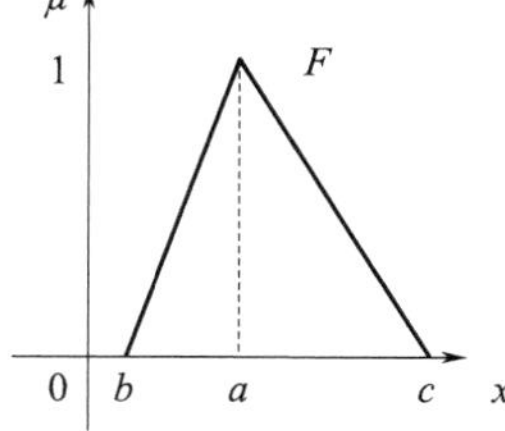

图 3.5　三角形隶属度函数曲线

2. 梯形隶属度函数

梯形隶属度函数与三角形隶属度函数是最简单的两种隶属度函数，应用也非常广泛。梯形隶属度函数曲线如图 3.6 所示，解析式为

$$\mu_F(x)=\begin{cases}\dfrac{x-a}{b-a}, & a\leqslant x<b\\ 1, & b\leqslant x\leqslant c\\ \dfrac{d-x}{d-c}, & c<x\leqslant d\\ 0, & x<a \text{ 或 } x>d\end{cases} \tag{3.17}$$

3. 正态型隶属度函数

正态型隶属度函数是一种最主要、最常见的分布。正态型隶属度函数曲线如图 3.7 所示，解析式为

$$\mu(x)=\mathrm{e}^{-\left(\frac{x-a}{b}\right)^2},\quad b>0 \tag{3.18}$$

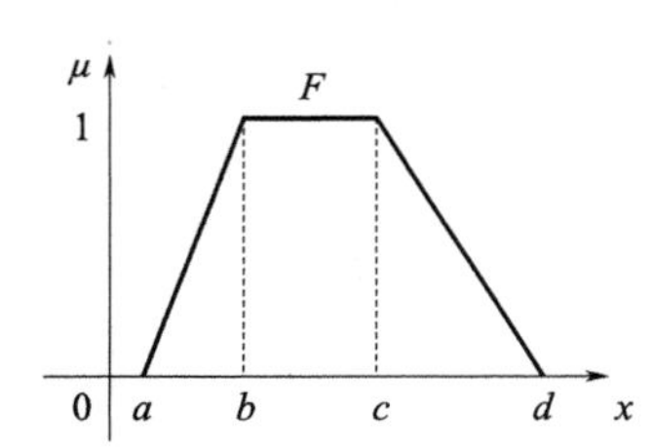

图 3.6　梯形隶属度函数曲线

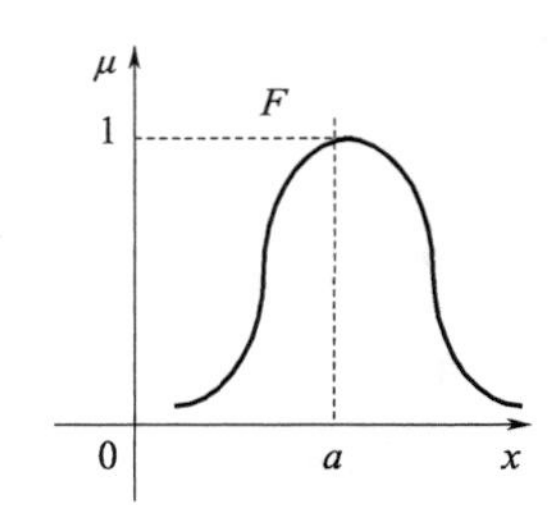

图 3.7　正态型隶属度函数曲线

4. Γ 型隶属度函数

Γ 型隶属度函数曲线如图 3.8 所示，解析式为

$$\mu_F(x)=\begin{cases}0, & x<0\\ \left(\dfrac{x}{\lambda\nu}\right)^{\nu}\cdot \mathrm{e}^{\nu-\frac{x}{\lambda}}, & x\geqslant 0\end{cases} \tag{3.19}$$

式中：$\lambda>0$，$\nu>0$。

5. Sigmiod 型隶属度函数

Sigmiod 型隶属度函数曲线如图 3.9 所示，解析式为

$$\mu_F(x)=\frac{1}{1+\mathrm{e}^{-x}} \tag{3.20}$$

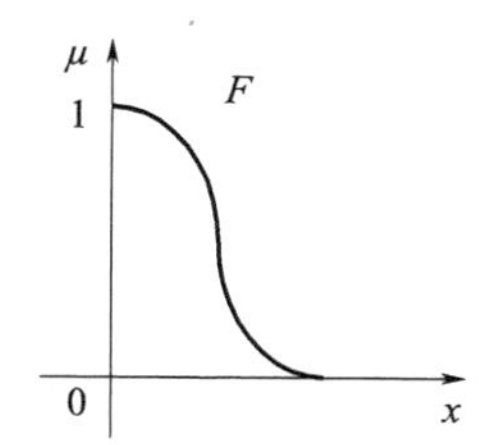

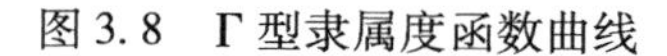
图 3.8 Γ 型隶属度函数曲线

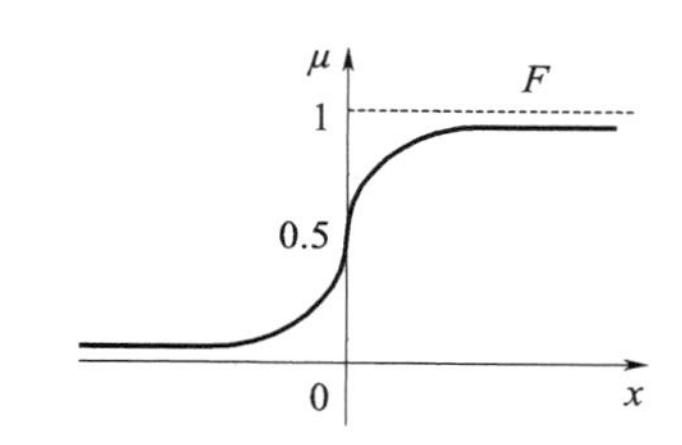

图 3.9 Sigmoid 型隶属度函数曲线

3.1.3 模糊评估法基本步骤

模糊评估表达是指在某一论域 U 上，子集的模糊关系可表征为对模糊集的隶属程度（以隶属函数表示），模糊集之间的模糊变换可用模糊算子来完成。

记 $X=\{x_1, x_2, \cdots, x_n\}$ 表示评估指标的集合，称为因素集；$Y=\{y_1, y_2, \cdots, y_n\}$ 表示被评估对象的集合；$Z=\{z_1, z_2, \cdots, z_n\}$ 表示评估等级的集合，称为决策集。$X\times Y$ 上的模糊关系 A 表示 X 中的指标对于评估对象 Y 中元素的重要程度，$Y\times Z$ 上的模糊关系 R 表示 Y 中的元素在 X 中各指标下与 Z 中元素的贴近程度，则模糊合成 $A\circ R$ 可看作 $X\times Z$ 上的一个模糊关系，表示 X 中各指标综合评价对于 Y 中对象隶属于 Z 中各等级的程度。模糊评估法的具体步骤如下：

（1）由相关部门的有关专家组成项目风险评估小组。

（2）确定评估对象，用 $A_k(k=1, 2, \cdots, n)$ 表示第 k 个工程项目。

（3）确定评估项目集及评估尺度集。

评估项目集：$G=(g_1, g_2, \cdots, g_s)$（设有 s 个评估项目）。

评价尺度集：$F=(f_1, f_2, \cdots, f_m)$（设每个评估项目有 m 个评价尺度）。

（4）由专家对评估项目进行评分，确定各评估项目的权重。

评估项目权重：$\boldsymbol{E}=(e_1, e_2, \cdots, e_s)$

（5）按照已经确定的评价尺度对各评估项目进行模糊评定，确定隶属度矩阵，记第 k 个工程项目 A_k 的隶属矩阵为 $\boldsymbol{\mu}_k$，则

$$\boldsymbol{\mu}_k = \{\mu_{ij}{}^k\}_{s\times m} = \begin{pmatrix} \mu_{11}{}^k & \mu_{22}{}^k & \cdots & \mu_{1m}{}^k \\ \mu_{21}{}^k & \mu_{22}{}^k & \cdots & \mu_{2m}{}^k \\ \vdots & \vdots & & \vdots \\ \mu_{s1}{}^k & \mu_{s2}{}^k & \cdots & \mu_{sm}{}^k \end{pmatrix} \tag{3.21}$$

矩阵中元素 $\mu_{ij}{}^k = d_{ij}{}^k/d$，其中 d 表示评估小组人数，$d_{ij}{}^k$表示对工程项目 A_k的第 i 评估项目 g_i 做出第 f_j个评价尺度的人数。由此可见，$\mu_{ij}{}^k$越大，对 g_i做出 f_j评价的可能性就越大。

（6）计算工程项目 A_k的模糊合成向量 $\boldsymbol{\varsigma}_k$，由 $\boldsymbol{\mu}_k = \{\mu_{ij}{}^k\}_{s\times m}$及权向量 $\boldsymbol{E} = (e_1, e_2, \cdots, e_s)$ 可得

$$\boldsymbol{\varsigma}_k = \boldsymbol{E}\cdot\boldsymbol{\mu}_k = (e_1, e_2, \cdots, e_s)\cdot\begin{pmatrix} \mu_{11}{}^k & \mu_{22}{}^k & \cdots & \mu_{1m}{}^k \\ \mu_{21}{}^k & \mu_{22}{}^k & \cdots & \mu_{2m}{}^k \\ \vdots & \vdots & & \vdots \\ \mu_{s1}{}^k & \mu_{s2}{}^k & \cdots & \mu_{sm}{}^k \end{pmatrix} \tag{3.22}$$

由此可见，模糊合成向量 $\boldsymbol{\varsigma}_k$是描述所有评估项目隶属于评价尺度 f_j的加权和。

（7）计算工程项目 A_k的评价总分 $\boldsymbol{\lambda}_k$，$\boldsymbol{\lambda}_k$可用式（3.23）计算。

$$\boldsymbol{\lambda}_k = \boldsymbol{\varsigma}_k \cdot \boldsymbol{F}^{\mathrm{T}} = (\varsigma_1{}^k, \varsigma_2{}^k, \cdots, \varsigma_m{}^k)\cdot(f_1, f_2, \cdots, f_m)^{\mathrm{T}} \tag{3.23}$$

（8）对评价结果进行分析，做出合理的风险决策。

模糊评估法通过对评估对象的模糊表达，将逻辑值转化成模糊集来加以处理，再根据模糊关系、模糊合成转化成对问题的总影响，从而使问题得以解决。

但研究表明，模糊评估法也存在一些不足。例如，其评价因素权重通过专家打分确定，易受专家人为主观因素的影响。此外，虽然模糊分析与评估通过模糊数可以将模糊语言定量化，但其评估通常需要手工计算完成，评估过程较为复杂，评估结果的精度和可靠性值得商榷。

因此，这里引入未确知评估理论进行高层建筑火灾风险的未确知聚类评估建模，并进行实例分析。

3.2 未确知聚类评估基本思想

未确知理论由王光远、刘开第等提出，是处理工程不确定性问题的一种有效方法[36-37]。由于高层建筑火灾发生的不确定性，因此，本书通过未确知建模来评价高层建筑火灾的风险状况，并进而判断其火灾风险性等级具有可行性[38-39]。

3.2.1 未确知 C 均值聚类理论

已知样本 $x_i(i=1, 2, \cdots, N)$，其分类特征（指标）为 $j(j=1\sim d)$。设 x_i 在特征 j 上的观测值为 x_{ij}，其中，x_{ij} 中的每一维数据 $\{x_{1j}, x_{2j}, \cdots, x_{Nj}\}$ $(j=1, 2, \cdots, d)$ 都是标准化（归一化）数据。这样，样本 x_i 可表示为

$$x_i=(x_{i1},x_{i2},\cdots,x_{id}),\quad i=1,2,\cdots,N \tag{3.24}$$

若将样本 $x_i(i=1, 2, \cdots, N)$ 划分为 C 个类，以 $\Gamma_k(k=1, 2, \cdots, C)$ 表示第 k 个类，则 Γ_k 的类中心向量可表示为 $\boldsymbol{m}_k$，即

$$\boldsymbol{m}_k=(m_{k1},m_{k2},\cdots,m_{kd})^{\mathrm{T}},\quad k=1,2,\cdots,C \tag{3.25}$$

可见，该分类是一种确定性的分类。但当将 x_i 与 Γ_k 类间的近似性程度采用样本 x_i 到类中心 $\boldsymbol{m}_k$ 的“某种距离”进行度量时，该分类就被不确定性化了。但在实际工程中，这种不确定化却往往更接近样本的真实情况。

3.2.2 未确知 C 均值聚类知识的获取

将样本 $x_i(i=1, 2, \cdots, N)$ 划分为 C 个类，其中，第 $\Gamma_k(k=1\sim C)$ 类的类中心为 $\boldsymbol{m}_k$，即

$$\boldsymbol{m}_k=(m_{k1},m_{k2},\cdots,m_{kd})^{\mathrm{T}},\quad k=1\sim C \tag{3.26}$$

令

$$\overline{m}=\frac{1}{C}\sum_{k=1}^{C}\boldsymbol{m}_k=(\overline{m}_1,\overline{m}_2,\cdots,\overline{m}_d) \tag{3.27}$$

则 $\overline{m}$ 是 C 个类中心组成的质点组的质心，即

$$\sigma_j^2=\frac{\alpha_i}{C}\sum_{k=1}^{C}(m_{kj}-\overline{m}_j)^2,\quad j=1\sim d \tag{3.28}$$

σ_j^2 的大小反映了各类中心 m_1，m_2，…，m_C 在特征 j 上取值的离散程度。式（3.28）中，α_i 为调整常数，且通常取 $\alpha_i=1$。

（1）若 $\sigma_j^2=0$，则 m_1，m_2，…，m_C 的第 j 个特征值均相同。删去特征 j，在 $d-1$ 维特征空间中对 N 个样本进行分类，分类结果不受影响，即特征 j 对于样本分类的贡献或作用为零。

（2）反之，σ_j^2 越大，则 m_1，m_2，…，m_C 到 $\overline{m}$ 的距离越大，各类的类中心越离散，各类的类中心就分得越开，即特征 j 的分类贡献越大。

$$w_j = \frac{\sigma_j^2}{\sum_{j=1}^{d} \sigma_j^2} \tag{3.29}$$

式中：w_j 为分类权重，$0 \leqslant w_j \leqslant 1$，$\sum_{j=1}^{d} w_j = 1$ 。

因此，当用样本点 $x_i(i=1,2,\cdots,N)$ 到类中心 $\boldsymbol{m}_k(k=1\sim C)$ 的某种距离作为 x_i 与 $\Gamma_k(k=1\sim C)$ 类间的相似性度量时，这种距离就不再是单纯的距离，而是一种加权欧氏距离，即

$$\| x_i - \boldsymbol{m}_k \|^2 = \sum_{j=1}^{d} w_j \cdot (x_{ij} - m_{kj})^2 \tag{3.30}$$

3.2.3 未确知隶属度

样本 x_i 到 Γ_k 类的类中心的距离越大，x_i 隶属于 Γ_k 类的程度就会越小。如果将 x_i 属于 Γ_k 类的隶属程度（隶属度）用 $\mu_{\Gamma_k}(x_i)$ 来表示，则虽然无法准确确定 $\mu_{\Gamma_k}(x_i)$ 的真实值，但不难发现，$\mu_{\Gamma_k}(x_i)$ 是随着 $\| x_i - \boldsymbol{m}_k \|$ 的增大而减小的，故令

$$\mu_{\Gamma_k}(x_i) = \frac{\dfrac{1}{\| x_i - \boldsymbol{m}_k \| + \varepsilon}}{\sum_{k=1}^{C} \dfrac{1}{\| x_i - \boldsymbol{m}_k \| + \varepsilon}} \tag{3.31}$$

通过式（3.31）就可以得出各样本 x_i 属于各类 Γ_k 的隶属度的相对大小，该隶属度称为基本未确知隶属度。式（3.31）中，控制常数 ε 用以调整加权欧氏距离 $\| x_i - \boldsymbol{m}_k \|$ 过小时，对隶属度产生过大的影响。且容易验证，式（3.31）确定的未确知分类隶属度，作为与确定性分类相对应的不确定性隶属函数，是具有合理性的。

求得各样本 x_i 的基本隶属度 $\mu_{\Gamma_k}(x_i)$，就得到了论域 U 的一个未确知分类。但实践表明，将由基本隶属度确定未确知分类，按最大隶属度原则还原成确定性分类时，并不一定能保证与原确定性分类在分类上的完全一致性。这是由数据的特征结构决定的，加权距离示意图如图 3.10 所示。图 3.10 中，x_i是 m_i类中的点，但 x_i与 m_j有较近的加权距离。

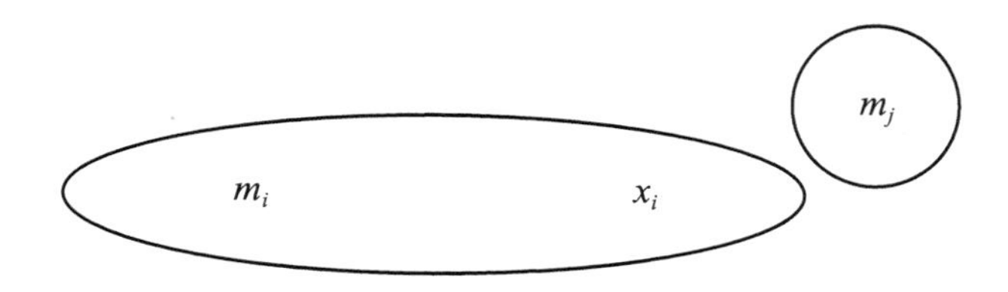

图 3.10　加权距离示意图

对此，有监督聚类一般通过对基本隶属度进行调整，以调整隶属度替代错分样本的基本隶属度，从而保证未确知分类结果与给定确定性分类结果的一致性。但对于无监督聚类，式（3.26）确定的类中心只是初始类中心，需利用式（3.31）确定的基本隶属度，通过计算确定新的类中心，并以其近似替代初始类中心，继续优化，以保证未确知分类结果与给定确定性分类结果的一致性。

3.2.4　无监督未确知聚类评估模型

对于高层建筑火灾风险问题，利用未确知聚类方法进行评估，即要将 N 个 d 维特征空间样本点（高层建筑）划分成 C 类。这里给出高层建筑火灾风险未确知聚类评估模型的建模过程如下。

1. 数据预处理

首先，对样本 x_i 的数据先进行归一化处理，令

$$y_{ij} = \frac{(x_{ij} - \min\limits_{1 \leqslant i \leqslant N}\{x_{ij}\})}{(\max\limits_{1 \leqslant i \leqslant N}\{x_{ij}\} - \min\limits_{1 \leqslant i \leqslant N}\{x_{ij}\})} \tag{3.32}$$

则归一化的结果可用 $\boldsymbol{y}_i$ 表示。显然，$\boldsymbol{y}_i = (y_{i1}, y_{i2}, \cdots, y_{id})$ 的各维分量均在 0 与 1 之间。

2. 初始分类

令
$$Sum(i) = \sum_{j=1}^{d} y_{ij} \tag{3.33}$$

$$MA = \max_i Sum(i) \tag{3.34}$$

$$MI = \min_i Sum(i) \tag{3.35}$$

$$J = \frac{(C-1)(Sum(i) - MI)}{MA - MI} \tag{3.36}$$

设$k(1, 2, \cdots, C)$是与$1+J$最接近的正数，并将$x_i(i=1, 2, \cdots, N)$归入第k类。这样，可以将样本x_i划分为C个不同的类，即给出样本的一种初始分类，并计算得出各类的初始类中心$m_k^{(0)}(k=1 \sim C)$。根据初始分类，计算样本属于各类的隶属度。

3. 隶属度计算

（1）由C个初始类中心$m_1^{(0)}$，$m_2^{(0)}$，…，$m_C^{(0)}$，计算

$$\overline{m}^{(0)} = (m_1^{(0)}, m_2^{(0)}, \cdots, m_C^{(0)}) \tag{3.37}$$

（2）计算

$$\sigma_j^{2(0)} = \frac{\alpha_i}{C}\sum_{k=1}^{C}(m_{kj}^{(0)} - \overline{m}_j^{(0)})^2, \quad 1 \leqslant j \leqslant d \tag{3.38}$$

（3）计算

$$w_j^{(0)} = \frac{\sigma_j^{2(0)}}{\sum_{j=1}^{d}\sigma_j^{2(0)}} \tag{3.39}$$

$w_j^{(0)}$满足：$0 \leqslant w_j^{(0)} \leqslant 1$，$\sum_{j=1}^{d} w_j^{(0)} = 1$。

（4）计算

$$\| \boldsymbol{y}_i - m_k^{(0)} \|^2 = \sum_{j=1}^{d} w_j^{(0)} (y_{ij} - m_{kj}^{(0)})^2 \tag{3.40}$$

（5）计算

$$\mu_{\Gamma_k}^{(0)}(\boldsymbol{y}_i) = \frac{\dfrac{1}{\| \boldsymbol{y}_i - m_k^{(0)} \|^2 + \varepsilon}}{\sum_{k=1}^{C}\dfrac{1}{\| \boldsymbol{y}_i - m_k^{(0)} \|^2 + \varepsilon}} \tag{3.41}$$

其中，$\varepsilon = 0.01$。$0 \leqslant \mu_{\Gamma_k}^{(0)}(\boldsymbol{y}_i) \leqslant 1$，且$\sum_{k=1}^{C}\mu_{\Gamma_k}^{(0)}(\boldsymbol{y}_i) = 1$。

$\mu_{\Gamma_k}^{(0)}(\boldsymbol{y}_i)$是基本隶属度。通过基本隶属度，为了保证分类结果的准确性，计算各样本新的类中心，即

$$m_k^{(1)} = \frac{\sum_{i=1}^{N} \mu_{\Gamma_k}^{(0)}(\boldsymbol{y}_i) \cdot \boldsymbol{y}_i}{\sum_{i=1}^{N} \mu_{\Gamma_k}^{(0)}(\boldsymbol{y}_i)} \tag{3.42}$$

由此得到迭代后的各类的新的类中心：$m_1^{(1)}$，$m_2^{(1)}$，…，$m_C^{(1)}$。

（6）以 $m_k^{(1)}$（$k=1, 2, \cdots, C$）替代初始类中心 $m_k^{(0)}$，返回步骤（1）。

（7）经过 t 次迭代，直到 $\max \| m_i^{(t)} - m_i^{(t-1)} \| \leqslant \delta$ 时，停止迭代。

输出最终的类中心 $m_1^{(t)}$，$m_2^{(t)}$，…，$m_C^{(t)}$，其中，$m_k^{(t)}$ 为 Γ_k 类的类中心。同时，输出样本 x_i 属于 Γ_k 类最终隶属度 u_{ik}，则 $u_{ik} = u(x_i \in \Gamma_k)$，且 $\sum_{k=1}^{C} u_{ik} = 1$。

至此，样本 $x_i(i=1, 2, \cdots, N)$，在没有其他附加信息的情况下，完成了未确知 C 均值聚类的分类，并给出了各样本属于各类的最终隶属度及各类的类中心向量。但判断 x_i 属于哪一类，则需要引入分类准则。

4. 分类（识别）准则

常见的分类准则有最小代价准则、最大属性测度准则、置信度准则三种。研究表明，在属性空间为有序分割类的情况下，最小代价准则和最大属性测度准则并不适用。因此，通常采用置信度分类准则。

设（Γ_1，Γ_2，…，Γ_C）为属性空间 F 的一个有序分割集，若 $\Gamma_1 > \Gamma_2 > \cdots > \Gamma_C$，

$$k_0 = \min_k \{ \sum_{l=1}^{k} u_{il} = \sum_{l=1}^{k} u(x_i \in \Gamma_l) \geqslant \lambda, 1 \leqslant k \leqslant C \} \tag{3.43}$$

或若 $\Gamma_1 < \Gamma_2 < \cdots < \Gamma_C$，

$$k_0 = \min_k \{ \sum_{l=k}^{C} u_{il} = \sum_{l=k}^{C} u(x_i \in \Gamma_l) \geqslant \lambda, 1 \leqslant k \leqslant C \} \tag{3.44}$$

则认为样本 x_i 属于第 Γ_{k_0} 类。

上述准则称之为置信度准则，称 λ 为置信度。置信度本质上是把有序分割集归为“强”与“弱”两大类。从“强”的角度考虑，即认为越“强”越好，而且“强”类应占相当大比例。λ 的取值范围通常为 $0.5 < \lambda < 1$，一般取 λ 为 0.6～0.7 之间[39-40]。

3.3 高层建筑火灾风险未确知聚类评估建模

根据未确知聚类建模的基本思想和步骤，这里给出城市高层建筑火灾风险的未确知聚类评估建模流程，如图 3.11 所示。

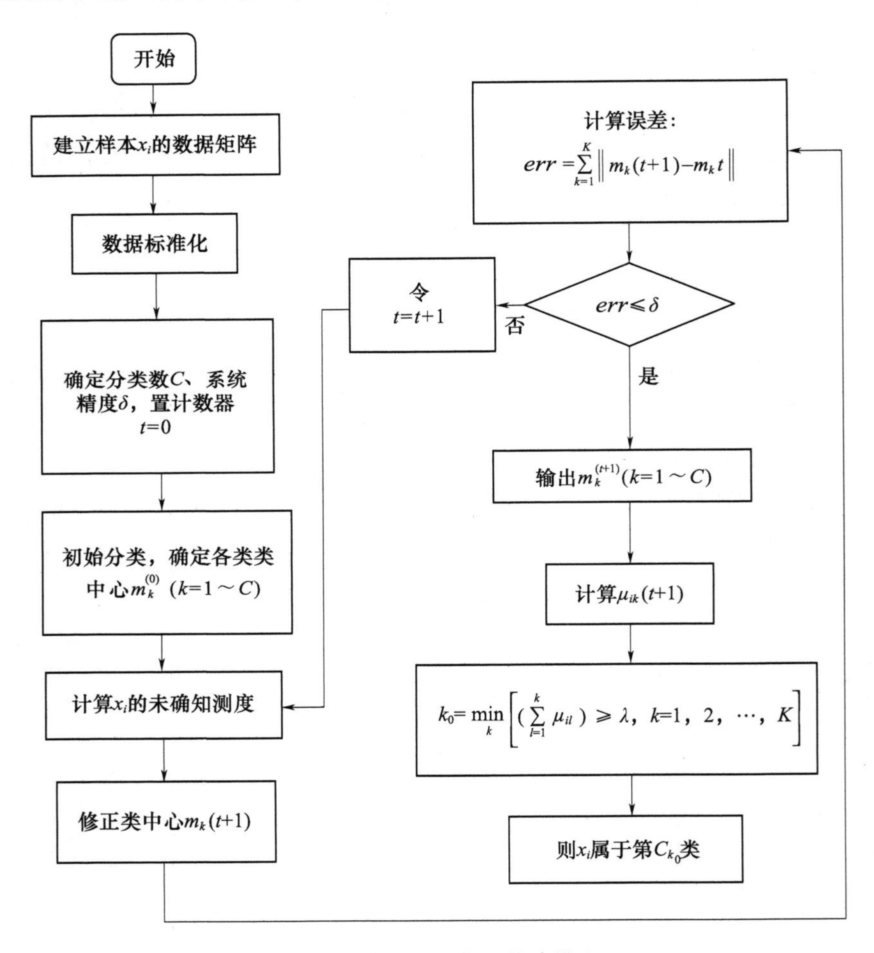

图 3.11 未确知聚类评估建模流程

采用未确知评价方法进行高层建筑火灾风险评估，可以有效克服传统评估方法主观赋权、硬性分类等缺点。其评估结果给出了各样本属于各类的隶属程度，而不是认为某一样本以隶属度 1 完全属于某一类，这与传统聚类等方法有本质上的区别。同时，未确知分类认为，不同指标（特征）对于样本区分的贡献不一样，未确知聚类承认了这一点，并做了定量的描述，而模糊等方法则没有。

3.4 实例分析

为验证本书所建立的高层建筑火灾风险未确知聚类评估模型的可行性和有效性，选用陕西省某信息大厦、河南省新乡市某酒店、河北省三河市燕郊某文化大厦、河北省三河市燕郊某高校2号教学楼等8栋典型高层民用建筑火灾调查数据为例，进行实证分析。各高层建筑概况见表3.1。

表3.1 各高层建筑概况

建筑概况	陕西省某信息大厦S1	江西省某高层建筑S2	河南省新乡市某酒店S3	河北省三河市燕郊某高校2号教学楼S4	河北省三河市燕郊某高校综合教学楼S5	河北省三河市燕郊某文化大厦S6	河北省三河市燕郊某小区11号住宅楼S7	河北省三河市燕郊某国际医院S8
高层建筑用途	科技、商业、休闲综合商务楼	住宅楼（裙房商业）	酒店	教学楼	综合实验楼	商住两用	住宅楼	医疗养老院
层数	-3F~51F	-1F~33F	-1F~18F	-1F~12F	1F~10F	-2F~24F	-2F~18F	-1F~25F
建筑面积（m^2）	95700	189090	9348.15	25990	21298.37	84309	12000	160000

本书中，评估对象的数据信息采用间接和直接两种方法获取。具体为：陕西省某信息大厦、江西省某高层建筑、河南省新乡市某酒店3栋高层民用建筑数据为文献历史数据，其中，陕西省某信息大厦数据为文献直接查阅结合调查数据[41]，江西省某高层建筑、河南省新乡市某酒店数据为文献数据间接换算结合调查所得[42-43]。而河北省三河市燕郊某高校2号教学楼、燕郊某高校综合教学楼、燕郊某文化大厦、燕郊某小区11号住宅楼、燕郊某国际医院5栋高层民用建筑，采用专家评分方法给出。

结合各在用高层建筑的实际情况，首先进行评估指标的量化。以防火间距量化为例，可依据表3.2的方法进行（参照建筑设计防火规范取定分值范围）。其他各项指标的量化可参照此方法进行。

表 3.2　防火间距评价量化

建筑类别		与其他高层建筑防火间距（m）	与其他民用建筑防火间距（m）			风险情况	分值范围
			一、二级	三级	四级		
高层建筑	主体	≥13	≥9	≥11	≥14	安全	80～100
	裙房	≥9	≥6	≥7	≥9		
高层建筑	主体	12～13	8～9	10～11	13～14	一般	60～79
	裙房	8～9	5～6	6～7	8～9		
高层建筑	主体	10～12	6～8	8～10	12～13	比较危险	45～59
	裙房	6～8	3～5	4～6	6～8		
高层建筑	主体	<10	<6	<8	<12	危险	0～44
	裙房	<6	<3	<4	<6		

注：表中每项防火间距范围值包括下限，但不包括上限。

邀请 5 位具有建筑消防专业背景且从业经验 5 年以上的业内专家，对各评价对象的防火能力风险状况进行打分，取平均值作为指标量化结果（过程略）。为了提高评估结果的准确性，先对数据进行标准化（归一化）处理，即

$$r'_{ij} = \frac{r_{ij} - r_i^{\min}}{r_i^{\max} - r_i^{\min}} \tag{3.45}$$

式中：r_{ij}为评估指标 i 在样本 j 上的数值；$r_i^{\max}$为评估指标 i 在各样本上值的最大值；$r_i^{\min}$ 为评估指标 i 在各样本上值的最小值；r'_{ij}为评估指标 i 在样本 j 上的标准化值（$i=1$，…，37；$j=1$，…，8）。

标准化后的评分结果见表 3.3。

表 3.3　标准化后的评分结果

样本	指标标准化值												
	U111	U112	U121	U122	U131	U132	U133	U141	U151	U152	U161	U162	U211
S1	0.9643	1.0000	0.6111	0.7750	1.0000	1.0000	0.6667	0.6944	0.8276	0.3448	1.0000	1.0000	0.9667
S2	0.1786	0.1707	0.0000	0.8000	0.7727	0.8000	0.9444	0.8611	1.0000	1.0000	0.7667	0.7667	0.9333
S3	0.5714	0.3171	0.3333	0.0000	0.0000	0.0000	0.0000	0.9722	0.6552	0.6552	0.1667	0.1667	0.8222
S4	0.9643	0.9268	0.6111	1.0000	0.3864	0.3000	0.5833	1.0000	0.3793	0.3793	0.0000	0.0000	0.0000
S5	1.0000	0.8537	1.0000	1.0000	0.7955	0.6667	1.0000	0.7222	0.7241	0.7241	0.7667	0.7333	1.0000

续表

样本	指标标准化值												
	U111	U112	U121	U122	U131	U132	U133	U141	U151	U152	U161	U162	U211
S6	0. 0000	0. 0000	0. 4444	0. 6750	0. 5682	0. 3667	0. 7778	0. 0000	0. 0000	0. 0000	0. 2333	0. 2333	0. 6667
S7	0. 0357	0. 1707	0. 6111	0. 9000	0. 5455	0. 3667	0. 6389	0. 7778	0. 3448	0. 3448	0. 1333	0. 1333	0. 0000
S8	0. 8571	0. 8049	0. 8889	0. 9750	0. 8636	0. 7667	0. 9722	0. 3611	0. 5172	0. 5172	0. 7000	0. 7333	0. 9778

样本	指标标准化值												
	U212	U213	U214	U215	U221	U222	U223	U311	U312	U313	U314	U315	U321
S1	0. 9889	0. 7368	1. 0000	0. 6111	0. 8654	0. 8434	1. 0000	1. 0000	1. 0000	0. 9672	1. 0000	0. 8600	1. 0000
S2	0. 5889	0. 5263	0. 8571	0. 4444	0. 6154	0. 9157	0. 6154	0. 6034	0. 8909	1. 0000	0. 9661	1. 0000	0. 8475
S3	0. 6000	0. 3158	0. 6429	0. 0000	0. 4615	0. 8193	0. 2308	0. 4138	0. 3818	0. 4754	0. 4237	0. 0000	0. 4407
S4	0. 0000	0. 0000	0. 0000	0. 6667	0. 9615	0. 0000	0. 0000	0. 8448	0. 8909	0. 0492	0. 0000	0. 4600	0. 0000
S5	1. 0000	1. 0000	0. 6667	0. 6667	1. 0000	0. 6024	0. 0000	0. 3621	0. 6182	0. 8361	0. 9322	0. 7600	0. 9153
S6	0. 6111	0. 0526	0. 5952	1. 0000	0. 4615	0. 3976	0. 0000	0. 0000	0. 0000	0. 0000	0. 1864	0. 2200	0. 4068
S7	0. 0000	0. 3684	0. 8333	0. 5000	0. 0000	0. 4337	0. 0000	0. 7414	0. 7818	0. 4098	0. 4576	0. 7200	0. 8136
S8	0. 9444	0. 8947	0. 7857	0. 8889	0. 8077	1. 0000	0. 0000	0. 8103	0. 8000	0. 5902	0. 6780	0. 8400	0. 8305

样本	指标标准化值										
	U322	U323	U324	U325	U411	U412	U421	U422	U431	U432	U433
S1	1. 0000	1. 0000	1. 0000	1. 0000	1. 0000	1. 0000	1. 0000	1. 0000	1. 0000	0. 5714	0. 6190
S2	0. 9773	0. 9888	0. 8539	0. 0000	0. 5581	0. 1200	0. 6053	1. 0000	0. 8462	0. 6000	0. 8571
S3	0. 9773	0. 6180	0. 8315	0. 0000	0. 0930	0. 3600	0. 1316	0. 3333	0. 3077	1. 0000	0. 9048
S4	0. 0000	0. 2472	0. 0000	0. 0000	0. 5581	0. 4000	0. 0000	0. 1481	0. 6538	0. 3714	0. 7381
S5	1. 0000	0. 3146	0. 0000	0. 0000	0. 7442	0. 5600	0. 2632	0. 5185	1. 1154	0. 8286	1. 0000
S6	0. 3182	0. 8989	0. 0000	0. 0000	0. 0000	0. 0000	0. 0526	0. 0000	0. 0000	0. 0000	0. 0000
S7	0. 7273	0. 0000	0. 0000	0. 0000	0. 2558	0. 2800	0. 1316	0. 1481	0. 5769	0. 4857	0. 5476
S8	0. 9545	0. 8652	0. 7191	0. 5730	0. 5581	0. 7200	0. 5263	0. 7407	1. 0385	0. 6571	0. 8571

采用表 3. 3 中 8 栋高层建筑标准化后的数据对上述 8 栋高层建筑的火灾风险状况进行综合评估，设置分类精度为 0. 001。经过迭代，各高层建筑的火灾风险综合评估结果见表 3. 4。

表 3. 4　各高层建筑的火灾风险综合评估结果

评估对象	S1	S2	S3	S4	S5	S6	S7	S8
分类结果	安全	安全	一般	危险	安全	危险	危险	安全

评估结果表明，样本 S4、S6、S7 属于第二类，其火灾风险状况综合评估结果为危险；样本 S3 属于第三类，其火灾风险状况综合评估结果为一

般；样本 S1、S2、S5、S8 属于第四类，其火灾风险状况综合评估结果为安全。

其中，样本 S1、S2、S3 的评估结果与文献研究的结果基本一致（如在文献［41］中，样本 S1 的火灾风险综合评估结果为一般安全；在文献［42］中，样本 S2 的火灾风险综合评估结果为比较安全；在文献［43］中，样本 S3 的火灾风险综合评估结果为一般安全）。样本 S4、S6、S7 的评价结果与从当地消防管理部门了解到的其火灾风险实际情况相符。

同时，为了对比分析，本书采用 *K* 均值聚类方法，借助 SPASS 软件，对 8 栋高层民用建筑的火灾风险状况进行评估，评估过程略。*K* 均值聚类评估结果见表 3.5。

表 3.5　*K* 均值聚类评估结果

评估对象	聚类	欧氏距离	评估结果
S1	1	1.420	安全
S2	1	1.468	安全
S3	3	0.000	危险
S4	4	1.161	非常危险
S5	1	1.365	安全
S6	2	0.000	一般
S7	4	1.161	非常危险
S8	1	0.884	安全

从表 3.5 的评估结果对比表 3.4 的未确知系统评估结果可以看出，采用 *K* 均值聚类评估方法，评估结果有明显偏差。

同时，本书所构建的高层建筑火灾风险未确知综合评估模型，不仅可以得到评估（分类）的结果，而且可以得到各评估对象属于各类的隶属度。各评估对象属于各类的隶属度见表 3.6。

表 3.6　各评估对象属于各类的隶属度

风险类别	评估对象							
	S1	S2	S3	S4	S5	S6	S7	S8
非常危险	0.1296	0.1193	0.3406	0.3569	0.1201	0.3661	0.3783	0.0765
危险	0.1296	0.1193	0.3406	0.3568	0.1201	0.3661	0.3782	0.0765

续表

风险类别	评估对象							
	S1	S2	S3	S4	S5	S6	S7	S8
一般	0. 3692	0. 3798	0. 1598	0. 1434	0. 3790	0. 1342	0. 1221	0. 4211
安全	0. 3716	0. 3816	0. 1590	0. 1429	0. 3807	0. 1336	0. 1215	0. 4259

从表3. 6可以看出，评估对象S1（陕西省某信息大厦）属于第一类（非常危险）的隶属度为0. 1296（即非常危险的可能性为12. 96%，以下同），属于第二类（危险）的隶属度为0. 1296，属于第三类（一般）的隶属度为0. 3692，属于第四类（安全）的隶属度为0. 3716。根据置信度分类准则，因为该系统中预先设置的置信度 λ 为0. 7，所以S1的火灾风险综合评估结果为第四类（即安全）。其他评估对象隶属度分析同理。

研究结果表明，该评估方法不仅给出了各建筑火灾风险综合评估的结果，而且给出了各评估对象属于各类结果的隶属程度，且评估系统中指标（特征）的权重由指标数据本身获取及决定，而非专家赋值，评估结果更具有客观性。同时，相对于文献中的模糊评估等方法，这里所建立的未确知聚类火灾风险综合评估方法，智能化水平更高，评估结果更为准确，可操作性更强。

4

高校学生宿舍火灾风险评估

近年来，我国城市建筑中，高校宿舍火灾频发，引起了社会各界的广泛关注。高校学生宿舍火灾安全已经成为平安校园建设中亟须解决的重要一环。众所周知，高校宿舍的主要使用对象是在校大学生，一方面他们大多防灭火意识相对薄弱，另一方面我国高校宿舍大多为四人间或六人间，宿舍面积基本在 15 ~ 20m^2 之间，整体空间相对狭小，加之有限空间内衣物、电子产品等可燃物因素多，在发生火灾的情况下，极易造成财产损失或人身伤亡。因此，对高校学生宿舍火灾风险进行综合评估研究具有十分重要的现实意义。

4.1 高校学生宿舍火灾风险评估指标体系构建

首先，针对高校学生宿舍火灾的特点，这里基于文献调查法，采集了几十所国内外高校学生宿舍火灾的典型案例[44]，并对调查数据进行初步的整理与归类处理。根据安全事故产生的基本三要素原理，经过统计分析，将引发高校学生宿舍火灾的原因分为人的不安全行为、物的不安全状态、管理缺陷三大类，见表 4.1。

表 4.1 国内外高校学生宿舍火灾情况统计

火灾起因分类	人的不安全行为	物的不安全状态	管理缺陷	未发现原因
占比	57%	16%	6%	21%

注：表中数据由高校学生宿舍火灾典型案例调查结果整理分析而得。

4.1.1 人的不安全行为影响因素的获取

在对近年来国内外高校火灾案例的调查研究中发现，人的不安全行为导致事故发生的占比最大，约占57%，部分数据见表4.2。由此可见，不安全行为主要包括学生在宿舍内违规使用电器、易燃化学品以及吸烟等行为。

表4.2 不安全行为导致的火灾情况

灾害原因	比例
烟蒂处理不当	3%
使用明火	6%
私拉电线	11%
使用大功率电器	60%
使用易燃化学品	9%
其他	11%

注：表中数据由高校学生宿舍火灾典型案例调查结果整理分析而得。

1. 烟蒂处理不当

调查数据显示，因烟蒂处理不当引起的宿舍火灾占不安全行为导致高校学生宿舍火灾总数的3%。例如，有关机构2011年对北京市部分高校的3716名大学生进行的调查显示，大学生尝试吸烟率为36.6%，普遍吸烟率为25.8%。烟蒂的表面温度在200～300℃，中心温度更是达到700～800℃的高温，超过大多数可燃物的燃点。因为高校学生宿舍易燃物多，一旦学生在吸烟后对烟蒂处理不当，便非常容易引发火灾。例如，韩国光州某寄宿学校和我国上海市某大学宿舍楼就曾分别在2001年和2020年因为烟蒂处理不当引发火灾，造成了较大的社会影响。

2. 使用明火

使用明火主要是指学生在宿舍内点蜡烛进行照明，或者燃烧杂物、烹饪等所导致的火灾。例如，因夏天蚊虫过多需要在宿舍点燃蚊香驱蚊，在宿舍内焚烧废纸、布料等杂物，或同学过生日时在宿舍点燃蜡烛庆祝等。由于使用明火的情况多样，火源也较为易得，所以对于高校宿舍明火的管理也比较困难。加之高校宿舍内存放的学生衣物、床单被褥、个人书籍、电子用品等大多为易燃物，因此在明火下非常容易引发火灾。

过往案例中，使用明火造成高校宿舍火灾的比例居高不下。例如，2006年1月，菲律宾马尼拉市某大学曾经就因为学生在宿舍聚会，最终使厨房发生严重火灾，导致 11 名学生伤亡；2016 年 8 月，山东省烟台市某大学学生宿舍由于学生点燃蚊香后外出造成火灾，致使 300 多人紧急疏散。

3. 私拉电线

日常生活中，许多学生不遵守学校有关安全用电的规定，在宿舍私拉电线。例如：无视线缆的极限负荷能力，超负荷用电；私引电线引发短路；在有尖硬物体的地面上拖拉电线导致线缆外皮或绝缘体损坏；私引电线至易燃、易爆场所，没有防火、防爆等措施。以上情形都有造成线缆起火的风险，最终可能导致高校学生宿舍火灾的发生，造成人员伤亡和财产损失。值得注意的是，大部分线缆起火都是由过负荷用电引起的。线缆超负荷运行会引起线缆过热造成线缆最外面的绝缘层破坏，从而导致火灾发生。因此，需严格控制学生宿舍大功率电器的使用数量，在插孔处或线缆多的地方不能堆放可燃物。

研究表明，私拉电线曾多次造成高校宿舍发生较为严重的火灾事故。例如，在 2013 年和 2018 年，中央民族大学和中国人民大学就曾分别因学生私拉电线引发过火灾，造成着火的学生宿舍被严重烧毁。

4. 使用大功率电器

学生宿舍在建设过程中，大多数是根据小标准电器来设计安装线路的。通常情况下，高校学生宿舍楼允许接入的电器功率都在 500 ~ 1000W 左右，一般只能满足照明、电脑、饮水机等正常用电。使用的电器功率过大，易造成线路超负荷，发生电线发热的情况，导致电线绝缘层起火。所以，在高校学生宿舍使用像电水壶、电饭锅、热得快、电热毯等功率在 500W 以上的电器，很容易引发电气火灾。

然而据调查，部分大学生的预防火灾意识较淡薄，随意在宿舍使用大功率电器，如电饭煲、加热器、电磁炉等。例如，在长春大学、安徽大学及广东海洋大学等多所国内高校都曾因学生在宿舍使用大功率电器而引发火灾，造成重大财产损失。

5. 使用易燃化学品

一般情况下，易燃化学品不会被学生带到宿舍，易燃化学品引起的火灾事故多发生在实验室或者教学楼。但个别学生由于大意或出于好奇心理，会违规将化学实验品带回宿舍，从而增加爆炸及火灾事故发生的概率，导致财产损失或人员伤亡。

另外，一些生活用品也属于易燃易爆化学品范畴。这些物品内所含有的主要化学成分大多是易燃且易爆的，尤其是在太阳光直接暴晒或者其他外力作用的情况下，均有可能导致装置内压力或者温度升高，从而引起爆炸或者火灾。例如，2005 年 11 月，北京林业大学 6 号宿舍楼就曾疑似因汽油爆炸起火，造成 2 人死亡。

4.1.2 物的不安全状态影响因素的获取

大多数高校的学生宿舍，尤其是建校时间长的高校学生宿舍，已经使用了几十年，部分建筑不能完全满足防火设计要求，加之建筑设备陈旧，导致引起建筑火灾的风险因素很多。本书认为高校宿舍火灾中，物的不安全状态主要表现在如下三个方面。

1. 电气设备陈旧

调查发现，在我国城市建筑火灾中，因电气设备导致的火灾数量排名第一。电气火灾的直接原因有很多种，超负荷，接触不良、短路等都是重要影响因素，但其根本原因大部分是电气设备老旧。一些高校的配电设备陈旧，存在许多消防隐患，特别是在用电高峰负荷期，极易因电气设备损坏引起火灾的发生。例如，2019 年 12 月，浙江工业大学某女生宿舍曾因插线板在使用时冒出火花引发火灾，造成宿舍大面积烧毁。

2. 消防设施不完备

消防设施的不完善主要体现在灭火器的缺失和失效，烟感系统、喷淋系统和防火门的缺失等方面。上述任何一种情况，都可能导致城市建筑火灾发生后无法及时控制火情和灭火，从而导致财产损失和人员伤亡。《建筑设计防火规范》（2018 年版）对建筑消防设施配置及使用情况、消防疏散通道的设计有严格的要求。目前，无论是高校自身层面还是国家相关管理部门层面，对于消防设施的管理都是高度重视的。

针对高校消防设施配置的现状，本书进行了一项面向高校在读学生的问卷调查，采集被访问者所在高校宿舍的消防设施配置现状，具体问卷设计见表 4.3。

表 4.3　高校学生宿舍消防设施配置及使用现状调查表

调查人：		调查日期：		
消防设施名称		已配置		未配置
		可正常使用	不可正常使用	
火灾自动报警系统	温感			
	烟感			
	光感			
	复合感应器			
灭火系统	喷淋			
	灭火器			
消火栓系统	水枪			
	水带			
	接口			
	消防卷盘（水喉）			
防烟排烟系统				

感谢您接受本次问卷访问！本问卷主要目的是收集被访问者所在高校宿舍的消防设施配置及使用现状，请您在相应的选项中如实给出您的选择。您提供的信息将用于本人关于高校学生宿舍火灾风险评估的相关研究项目中。再次感谢您接受本次问卷访问！（请在相应选项处用“√”标出）

通过问卷调查并对问卷结果统计分析，得出高校学生宿舍消防设施配置及使用现状调查结果，见表 4.4。由问卷结果可知，大部分高校学生宿舍的消防设施配置较为完善，未配置率较低，基本能够满足使用要求。另外，火灾自动报警系统主要是配置烟雾感应型报警器，而光感型、温感型、复合感应型报警器配置则较少。

表 4.4　高校学生宿舍消防设施配置及使用现状调查结果统计表

消防设施名称	已配置		未配置
	可正常使用	不可正常使用	
火灾自动报警系统	95.63%	1.63%	2.74%
灭火系统	98.42%	1.44%	0.14%
消火栓系统	98.74%	1.16%	0.10%
防烟排烟系统	97.58%	1.63%	0.79%

3. 建筑结构形式不符合标准

目前，大多数高校的学生宿舍是建于20世纪的老旧建筑，其结构较紧凑，疏散通道狭窄，疏散口过少，不能满足现今高校扩招后宿舍人数不断增加的要求。例如，2022年，在研究生大量扩招后，江西省某大学研究生宿舍16个人一间，湖南省某大学将荒废多年的老旧校舍重新修缮启用。试想，一旦发生火灾，这些建筑内人员往往很难及时疏散。因此，高校学生宿舍的建筑结构应作为火灾风险评估的考虑因素。

4.1.3 管理缺陷影响指标的获取

随着社会经济的快速发展，高校后勤管理改革，使得学生宿舍的安全管理更加困难，突出体现以下几个方面。

1. 人口密度大

近几年来，在我国高等教育快速的发展情况下，整体上看，我国高校招生数量每年都以正比例趋势增加。根据教育部数据，2019年，我国高校在校生人数全口径统计4002万人，高校学生毛入学率高至51.6%，平均每所高校在校生人数11260人[45]。2015—2019年我国高校在校生总数及毛入学率情况如图4.1所示。

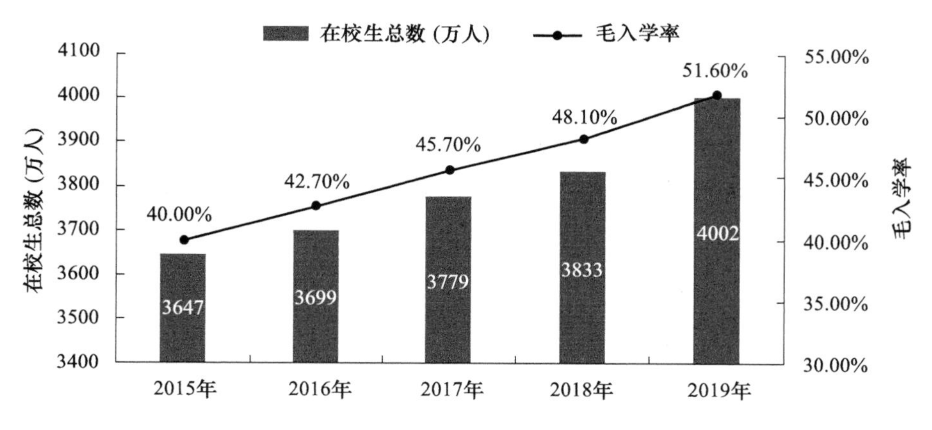

图4.1 2015—2019年我国高校在校生总数及毛入学率情况[45]

据2021年全国教育事业统计数据，全国共有高等学校3012所，其中，普通本科学校1238所，本科层次职业学校32所，高职（专科）学校1486所，成人高等学校256所。各种形式的高等教育在学总规模达4430万人，高等教育毛入学率达57.8%[46]。

然而，在高校在校生人数不断上升的同时，校舍平均面积却有所减少。教育部有关数据显示：2019年，全国普通高校生均校舍建筑面积为27.0m^2，比2018年减少0.7m^2；普通本科院校为28.1m^2，比2018年增加0.1m^2；高职（专科）院校为24.7m^2，比2018年减少2.5m^2[45]。

由此可见，高校学生数量的增长和校舍人均面积的减少，势必会造成人口密度的增大，在较高密度人员活动情况下，导致火灾发生的可能性就更大，应急救援的难度也更大。

2. 安全管理人员不专业

高校宿舍管理人员主要由学校的相关职能部门管理人员和宿舍管理人员组成，其中直接负责对学生日常安全管理的是每栋学生宿舍的宿管员。然而，大多数高校的宿管人员来自社会招聘，年龄偏大，且大多没有经过正式的消防安全培训。这就可能导致宿管人员消防安全意识较弱，在宿舍火灾安全管理方面懈怠等。

3. 安全检查不到位

对于高校安全管理工作来说，制度的完善和管理的加强是防止安全事故发生的有效办法。但是有些高校中存在基层宿舍管理者与学校管理层面断层的问题，导致学校消防规章制度不能被有效、及时地执行。

4. 学生缺乏消防培训演练

由于高校的主要工作在于教学与科研，因此在对学生的消防安全教育及演练方面缺乏专业培训。同时，由于组织一场有规模性的消防演练需要消耗大量的人力、物力，导致高校组织学生消防演练的积极性不高，开展次数偏少。根据调研结果显示，大部分高校会根据政策进行年度学生演练，但是学生参与数量少，形象工作占大部分，以致大部分学生缺乏消防实战技能。

5. 学生安全意识不成熟

目前，我国高校在校生年龄集中在18～26岁，这个年龄段正处于心理逐渐成熟阶段。虽然各个高校都开设了有关安全教育类课程，但由于客观条件限制等，大多重理论轻实践，导致大部分高校学生安全意识特别是火灾消防意识薄弱。

4.1.4 宿舍周边环境影响指标的获取

1. 气候和环境的影响

气候因素对高校学生宿舍的消防管理也是一个需要考虑的问题，特别是在冬季，由于宿舍供暖不足，可能导致部分学生私自使用取暖器。冬季学生大多在室内活动，气候又相对干燥，随着取暖器具的使用数量增加，可能会使宿舍火灾发生的概率上升，人员疏散难度增加。

2. 邻近居民用火不慎的影响

我国早期的大学一般位于城市的中心，周边居民区情况较为复杂，高校周边居民区很多为老旧小区，易发生各类火灾事故。同时，大学周围还有一些使用煤气罐的小吃摊及饭店等，如果当地有关部门监管不力，很容易造成火灾或爆炸，并波及附近高校宿舍区域引发学生宿舍火灾。

3. 校舍周围可燃物的影响

高校学校宿舍大多是建筑群，周围辅有配电设备（如配电箱）、树木、草地等，当校舍外发生火灾时，如果火灾荷载大，很有可能会波及宿舍楼，从而引发宿舍火灾。

结合文献资料[47]，最终构建的高校学生宿舍火灾风险评估指标体系如图 4. 2 所示。该评估指标体系包括一级指标 4 个，二级指标 16 个。

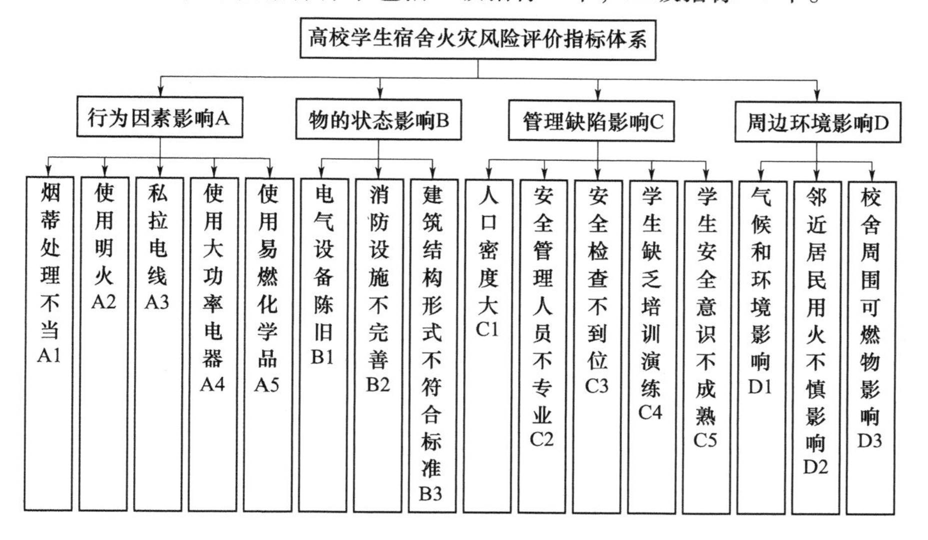

图 4. 2　高校学生宿舍火灾风险评估指标体系

4.2 人工神经网络评估法

人工神经网络（Artificial Neural Network，ANN）是基于模仿人类大脑的结构和功能而构成的一种信息处理系统，具有很多与人工智能相似的特点。人工神经网络是一门新兴学科，也是一门高度综合的交叉学科。由于它具有较强的非线性、大规模并行处理能力，目前已经渗透到各个领域，特别是在模式识别、知识处理、传感技术、控制工程、电力工程、化学工程、环境工程、生物工程以及机器人研究等领域均有成功的应用，具有广泛的应用前景。

4.2.1 人工神经网络的发展

人工神经网络概念产生与20世纪40年代初。早在1943年，美国著名心理学家沃伦·麦卡洛克（Warren McCulloch）和数学家沃尔特·皮茨（Walter Pitts）就提出了MP神经元（即二值神经元）模型[48]。两人通过MP模型提出了神经元细胞的形式化数学描述和网络结构方法，证明了单个神经元能够执行逻辑功能，从而开创了人工神经网络时代。1949年，加拿大心理学家唐纳德·赫布（Donald Hebb）从心理学的角度提出了至今仍对神经网络理论有着重要影响的Hebb学习规则[48]。直到现在，Hebb学习规则仍然是人工神经网络中的一个重要学习规则。1958年，美国计算机科学家弗兰克·罗森布拉特（Frank RoSenblatt）提出了著名的感知机模型，该模型确立了从系统角度进行人工神经网络研究的基础[48]。20世纪60年代，产生了适用于自适应系统的自适应线性神经元（adaline）网络，神经网络的研究由此进入了一个新的发展阶段。

然而，1969年，美国麻省理工学院的著名人工智能专家马文·明斯基（Marvin Minsky）和西摩·帕尔特（Seymour Papert）经过研究，出版了影响很大的《感知器》（*Perceptrons*）一书[49]。该书指出：简单的感知器只能用于线性求解，而对非线性问题却无能为力。由于马文·明斯基的悲观结论，以及当时世界上以逻辑推理为研究基础的人工智能理论和数字计算机的辉煌成果，大大降低了人们对神经网络研究的热情及克服理论障碍的勇气。在这之后的近十年中，神经网络的研究进入了一个缓慢发展的低潮阶段。

直到20世纪80年代，神经网络研究掀起了新的热潮。这主要是因为80年代并行分布处理模式神经网络的研究成果，使人们看到了新的希望。这一时期首先应提到的是美国加州理工学院的物理学家约翰·霍普菲尔德（John Hopfield）的开拓性工作。1982年，他提出了一个新的神经网络模型——霍普菲尔德（Hopfield）网络模型，并首次引入网络能量函数概念，使网络稳定性研究有了明确的依据[50]。1984年，杰弗里·辛顿（Geoffrey Hinton）和特伦斯·谢诺夫斯基（Terry Sejnowski）提出了玻尔兹曼（Boltzmann）模型，借用统计物理学的概念和方法来研究神经网络[50]，首次采用了多层网络的学习算法，并将模拟概念移植到网络的学习机理之中，以保证网络能收敛到全局最小值。1986年，戴夫·伦梅尔哈特（Dave Rnmelhart）和麦克莱兰（Mccelland）及其研究小组提出的并行分布处理（Parallel Distributed Processing，PDP）网络思想[50]，为神经网络研究掀起新的高潮起到了推波助澜作用，尤其是他们提出的误差逆传播算法，成为至今仍广为应用的一种神经网络学习方法。

4.2.2 人工神经网络模型

1. 人工神经元

人工神经网络是采用物理可实现的系统来模拟人脑神经细胞的结构和功能。它反映了生物神经系统的基本特征，是对生物系统的某种抽象、简化与模拟。神经网络的基本要素是人工神经元，也就是说人工神经元是神经网络的基本处理单元，它只模拟了生物神经元的三个基本功能。

（1）对每个输入信号进行处理，以确定其权值；

（2）确定所有输入信号的组合（加权和）；

（3）确定其输出（转移特性）。

典型的人工神经元模型如图4.3所示。

人工神经元由三个基本要素组成：①评价输入信号，决定每个输入信号的强度，连接强度由各个连接上的权值表示，权值为正表示激活，权值为负表示抑制；②计算所有输入信号的权重之和，并与处理单元的阈值进行比较；③若权重和大于阈值，则人工神经元被激发产生输出信号，否则没有输出。

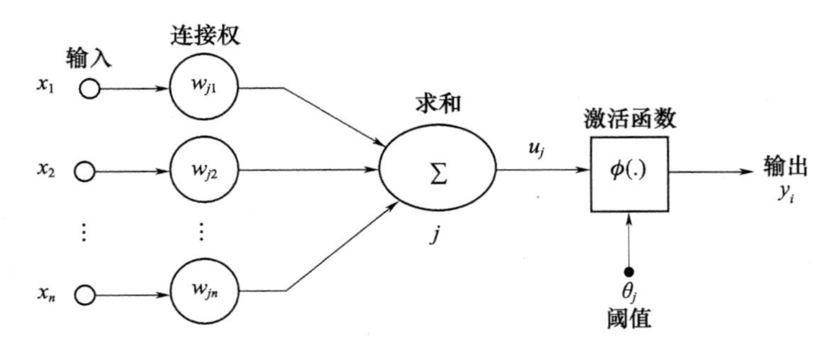

图 4.3　典型的人工神经元模型

神经元模型的输出向量可表示为

$$y_j(t) = \phi\left(\sum_{i=1}^{n} w_{ji}x_i - \theta_j\right) \tag{4.1}$$

式中：x_i 为输入信号；w_{ji}为连接权系数；$\phi(.)$ 为激活函数；θ_j 为阈值。

如果用向量表示，则

$$\boldsymbol{X} = (x_0, x_1, x_2, \cdots, x_n)^{\mathrm{T}} \tag{4.2}$$

$$\boldsymbol{W}_j = (w_{0j}, w_{1j}, w_{2j}, \cdots, w_{nj})^{\mathrm{T}} \tag{4.3}$$

从式中可以看出，阈值也被看作一个输入分量，也就是阈值也是一个权值，在此用固定常数来表示。在网络的设计中，偏差起着重要的作用，它使得激活函数的图形可以左右移动而增加了解决问题的可能性。

2. 常用的激活函数

激活函数（activation function）是一个神经元的重要组成部分，激活函数 $\phi(.)$ 也称为激励函数，它描述了生物神经元的转移特性，激活函数的基本作用如下：

（1）控制输入对输出的激活作用；

（2）对输入、输出进行函数转换；

（3）将可能无限域的输入变成可能指定的有限范围内的输出。

常用的激活函数有以下几种。

1）阈值型函数

这种激活函数将任意输入转化为 ±1 或（0，1）两种状态输出，有时

称为硬限幅函数，如图 4. 4 所示，其表达式为

$$y_j = f(s_j) = \begin{cases} 1, & s_j \geqslant 0 \\ -1, & s_j < 0 \end{cases} \tag{4.4}$$

或

$$y_j = f(s_j) = \begin{cases} 1, & s_j \geqslant 0 \\ 0, & s_j < 0 \end{cases} \tag{4.5}$$

阈值型函数的主要特征是不可微、阶越形，常用于感知器模型、M-P 模型及 Hopfield 模型。

2）线性函数

线性函数可以将输入转化为任意值输出，即将输入原封不动地输出，而不像阈值型函数的输出只能是两种状态。其输入输出关系如图 4. 5 所示，线性函数表达式为

$$y_j = f(s_j) = s_j \tag{4.6}$$

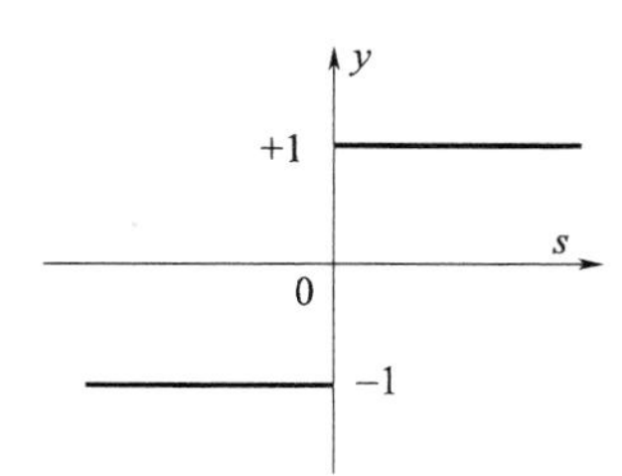

图 4. 4　阈值型函数

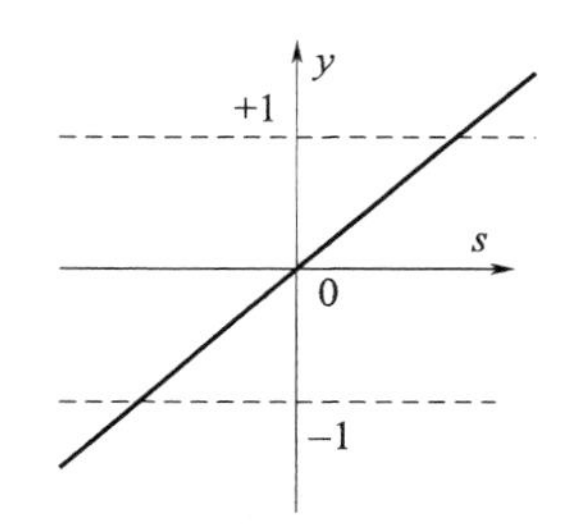

图 4. 5　线性函数

3）分段线性函数

实质上，分段线性函数是阈值型函数和线性函数的综合，如图 4. 6 所示，其表达式为

$$y_j = f(s_j) = \begin{cases} 1, & s \geqslant h \\ s_j/h, & |s| \leqslant 0 \\ -1, & s \leqslant -h \end{cases} \tag{4.7}$$

分段线性函数的主要特征是不可微、阶越型，常用于细胞神经网络，如模式识别、文字识别和噪声控制等研究。

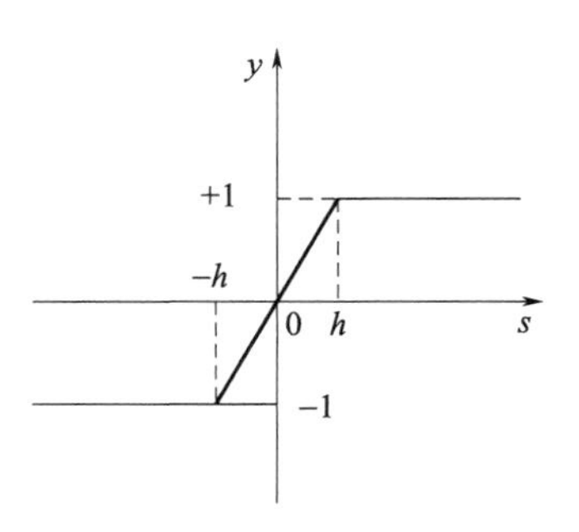

图 4. 6　分段线性函数

4）S 型函数

S 型函数，即 Sigmoid 激活函数，将任意输入值压缩到（0，1）的范围内。常用的 S 型函数有对数函数，即

$$y_j = f(s_j) = \frac{1}{1 + \exp(-s_j)} \tag{4.8}$$

或双曲正切函数，即

$$y_j = f(s_j) = \frac{1 - e^{-s_j}}{1 + e^{-s_j}} \tag{4.9}$$

S 型函数如图 4.7、图 4.8 所示，其主要特征是可微、阶越型，常用于 BP 神经网络模型或 Fukushina 模型。

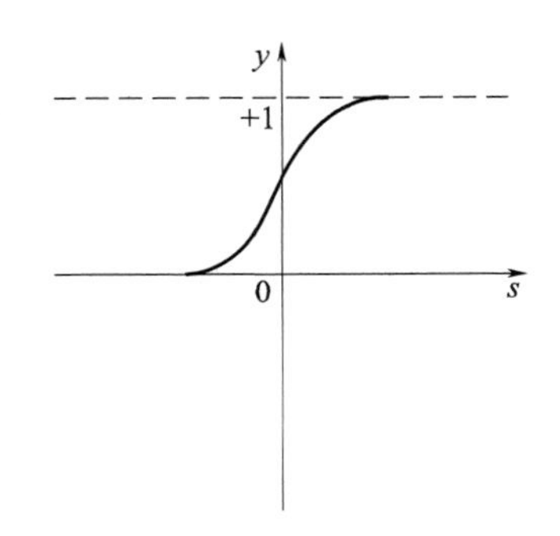

图 4.7　对数 S 型函数

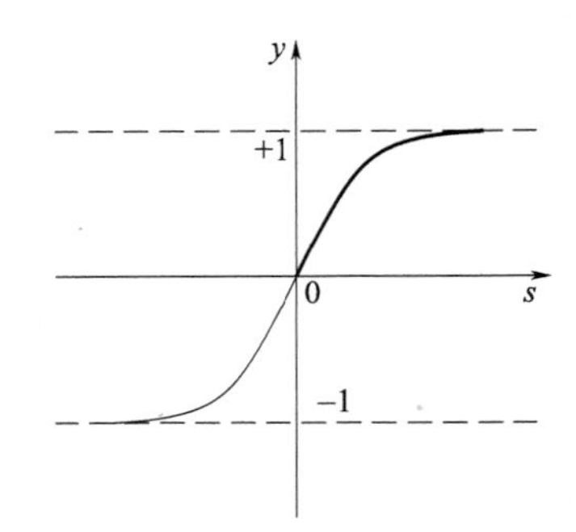

图 4.8　双曲正切 S 型函数

4.2.3　神经网络的学习

神经网络的学习也称为训练，指的是通过神经网络所在环境的刺激作用调整整个神经网络的自由参数，使神经网络以一种新的方式对外部环境做出反应的一个过程。能够从环境学习和在学习中提高自身性能是神经网络最明显的特点。学习方式可分为有导师学习（learning with a teacher）和无导师学习（learning without a teacher）。

1. 有导师学习

有导师学习又称为有监督学习（supervised learning），在学习时需要给出导师信号或期望输出。神经网络对外部环境是未知的，但可以将导师看作对外部环境的了解，由输入—输出样本集合来表示。导师信号或期望响

应代表了神经网络执行情况的最佳结果，即对于网络输入，通过调整网络参数，使得网络输出逼近导师信号或期望响应。

2. 无导师学习

无导师学习包括强化学习（reinforcement learning）和无监督学习（unsupervised learning），或称为自组织学习（self-organized learning）。在强化学习中，对输入-输出映射的学习是通过与外界环境的连续作用最小化性能的标量索引而完成的。在无监督学习或自组织学习中，没有外部导师或评价来统观学习过程，而是提供一个网络学习规则表示方法质量的测量尺度，根据该尺度将网络的自由参数最优化。

4.2.4 神经网络的学习规则

1. Hebb 学习规则

Hebb 学习规则是最古老也是最著名的学习规则，用于调整神经网络的连接权值。Hebb 学习规则的基本思想可以概括为：

（1）如果一个突触两边的神经元同时被激活，则该神经元的能量就被选择性地增加。

（2）如果一个突触两边的神经元异步激活，则该神经元的能量就被选择性地削弱或消除。

Hebb 学习规则的数学描述如下：

w_{ij}表示神经元 x_j 到 x_i 的连接权值，$\overline{x_j}$ 和$\overline{x_i}$ 分别表示神经元 j 和 i 在一段时间内的平均值。在学习步骤为 n 时，对连接权值的调整为

$$\Delta w_{ij}(n) = \eta(x_j(n) - \overline{x_j})(x_i(n) - \overline{x_i}) \tag{4.10}$$

式中：η 为正常数，它决定了在学习过程中从一个步骤进行到另一个步骤的学习速率。

（1）当神经元 j 和 i 活动充分，即同时满足条件 $x_j > \overline{x_j}$ 和 $x_i > \overline{x_i}$时，连接权值 w_{ij}增强。

（2）当神经元 j 活动充分而神经元 i 活动不充分，或神经元 i 活动充分而神经元 j 活动不充分时，连接权值 w_{ij}减小。

2. 纠错学习规则

设某神经网络的输出层中只有一个神经元 i，给定该神经网络的输入，

这样就产生了输出 $y_i(n)$，称该输出为实际输出。对于所加上的输入，我们期望该神经网络的输出 $d(n)$ 为期望输出或目标输出。实际输出与期望输出之间存在着误差，用 $e(n)$ 表示。

$$e(n)=d(n)-y_i(n) \tag{4.11}$$

现在要调整连接权值，使误差信号 $e(n)$ 减小。为此，可设定代价函数或性能函数，或性能指数 $E(n)$。

$$E(n)=1/2e^2(n) \tag{4.12}$$

反复调整连接权值使代价函数达到最小，或使系统达到一个稳定状态（即突出权值稳定），就完成了该学习过程。

w_{ij}表示神经元 x_j 到 x_i 的连接权值，在学习步骤为 n 时对连接权值的调整为

$$\Delta w_{ij}(n)=\eta e(n)x_j(n) \tag{4.13}$$

式中：η 为学习速率参数。

式（4.13）表明：神经元连接权值变化与突触误差信号和输入信号成正比。纠错学习实际上是局部的。得到 $\Delta w_{ij}(n)$ 以后，定义连接权值 w_{ij}的校正值为

$$w_{ij}(n+1)=w_{ij}(n)+\Delta w_{ij}(n) \tag{4.14}$$

$w_{ij}(n)$ 和 $w_{ij}(n+1)$ 可以看作连接权值 w_{ij}的旧值和新值。

3. 基于记忆的学习规则

基于记忆的学习规则主要用于模式分类，在基于记忆的学习规则中，过去的学习结果存储在一个大的存储器中，当输入一个新的测试向量 $\boldsymbol{x}_{\text{test}}$ 时，学习过程就将 $\boldsymbol{x}_{\text{test}}$归到已存储的某个类中。

4. 随机学习规则

随机学习规则也称为玻尔兹曼（Boltzmann）学习规则，是由统计学思想发展而来的。在随机学习规则基础上设计出来的神经网络称为玻尔兹曼机（Boltzmann Machine），其学习算法实际上就是著名的模拟退火算法。

5. 竞争学习规则

在竞争学习规则中，神经网络的输出神经元之间相互竞争，在任一时间只能有一个输出神经元是活性的。基本的竞争学习规则为：

（1）一个神经元集合：除了某些随机分布的突触以外，所有的神经元

都相同，因此对给定的输入模式集合有不同的响应。

（2）每个神经元的能量都被限制。

（3）一个机制：允许神经元通过竞争对一个给定的输入子集做出响应。赢得竞争的神经元被称为全胜神经元。

4.2.5 BP 神经网络

误差反传前馈网络（Back Propagation）是典型的前馈网络。其算法的基本思想是：误差逆传播神经网络是一种具有三层或三层以上的阶层神经网络。上下层之间各神经元实现全连接，网络按有导师方式进行学习。当一对学习模式提供给网络后，神经元的激活值从输入层经各中间层向输出层传播，在输出层的各神经元获得网络的输入响应。在这之后，按减小希望输出与实际输出误差的方向，从输出层经各中间层逐层修正各连接权，最后回到输入层，故得名“误差逆传播算法”，简称 BP 算法。随着这种误差逆传播权值修正的不断进行，网络对输入模式响应的正确率也不断上升。

典型的 BP 网络是三层，即输入层、隐含层和输出层，各层之间实行全连接。其学习规则流程如图 4.9 所示。经典三层 BP 算法的学习过程如下。

设输入模式向量 $\boldsymbol{X}_k=(x_1^k, x_2^k, \cdots, x_n^k)$，希望输出向量 $\boldsymbol{Y}_k=(y_1^k, y_2^k, \cdots, y_q^k)$；中间层单元输入向量 $\boldsymbol{S}_k=(s_1^k, s_2^k, \cdots, s_p^k)$，输出向量 $\boldsymbol{B}_k=(b_1^k, b_2^k, \cdots, b_p^k)$；输出层单元输入向量 $\boldsymbol{L}_k=(l_1^k, l_2^k, \cdots, l_q^k)$，输出向量 $\boldsymbol{C}_k=(c_1^k, c_2^k, \cdots, c_q^k)$；输入层至中间层连接权为 $w_{ji}(i=1, 2, \cdots, n; j=1, 2, \cdots, p)$；中间层到输出层连接权为 $h_{tj}(j=1, 2, \cdots, p; t=1, 2, \cdots, q)$；中间各单元输出阈值为 θ_j；输出层各单元输出阈值为 $\gamma_t(t=1, 2, \cdots, q)$。以上 $k=1, 2, \cdots, N$ 为人工神经网络的学习样本数。

（1）建立 BP 网络的结构：由学习样本输入向量 $\boldsymbol{X}_k$ 的长度 n 确定网络输入层节点数为 n，由学习样本输出向量 $\boldsymbol{Y}_k$ 的长度 q 确定网络输出层节点数为 q，并确定隐层的节点数。

（2）输入允许的误差 ε 和学习率 η，初始化迭代次数 $t=1$，随机产生各连接权 w_{ji} 和 h_{tj}，以及阈值 θ_j 和 γ_t。

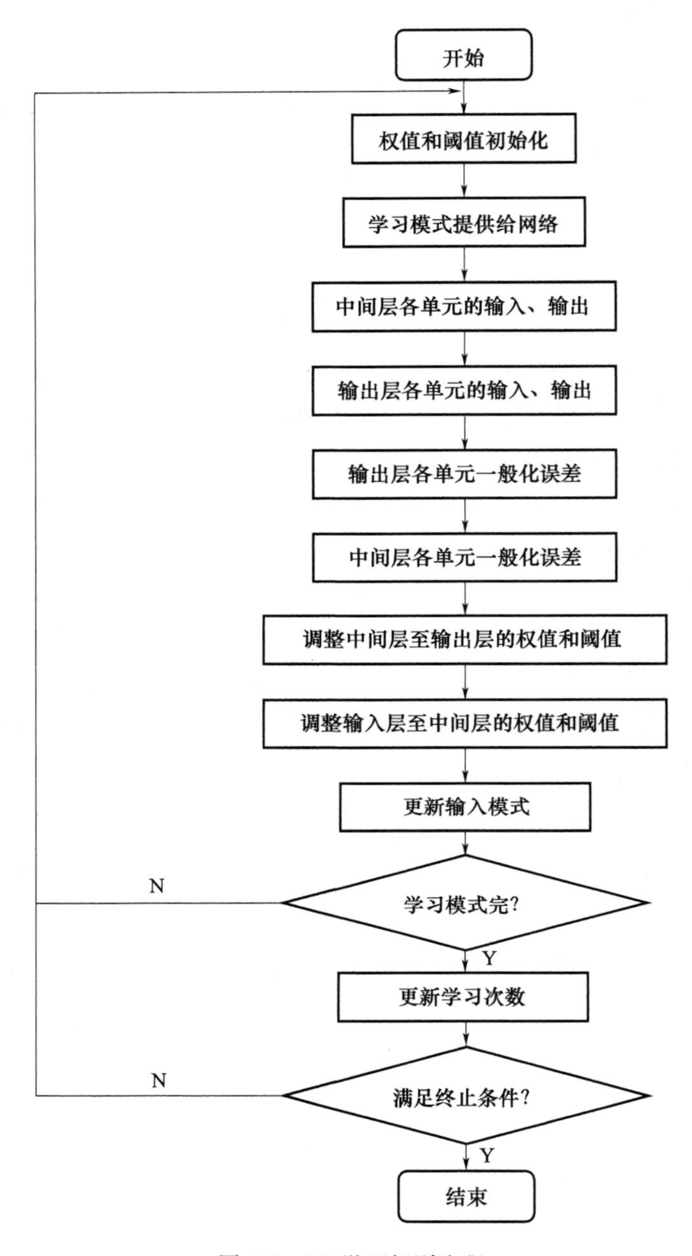

图 4.9　BP 学习规则流程

（3）随机提供一个模式对 $\boldsymbol{X}_k=(x_1^k,\ x_2^k,\ \cdots,\ x_n^k)$ 和 $\boldsymbol{Y}_k=(y_1^k,\ y_2^k,\ \cdots,\ y_q^k)$ 提供给网络。

（4）用输入模式 $\boldsymbol{X}_k=(x_1^k,\ x_2^k,\ \cdots,\ x_n^k)$、连接权 w_{ji} 和阈值 θ_j，计算中间层各单元的输入 s_j^k，然后用 s_j^k 通过 S 型函数计算中间层各单元的输出 b_j^k。

$$s_j^k = \sum_{i=1}^{n} w_{ji}x_i - \theta_j, \quad j = 1,2,\cdots,p \tag{4.15}$$

$$b_j^k = F(s_j^k) \tag{4.16}$$

（5）用中间层的输出 b_j^k、连接权 h_{tj} 和阈值 γ_t，计算输出层各单元的输入 l_t^k，然后用 l_t^k 通过 S 型函数计算各单元的响应 c_t^k。

$$l_t^k = \sum_{j=1}^{p} h_{tj}b_j^k - \gamma_t, \quad t = 1,2,\cdots,q \tag{4.17}$$

$$c_t^k = F(l_t^k), \quad t=1,2,\cdots,q \tag{4.18}$$

式中：c_t^k 为网络实际输出。

（6）用希望输出模式 $\boldsymbol{Y}_k=(y_1^k,\ y_2^k,\ \cdots,\ y_q^k)$，网络实际输出 $\boldsymbol{C}_k=(c_1^k,\ c_2^k,\ \cdots,\ c_q^k)$，计算输出层各单元的一般化误差 d_t^k。

$$d_t^k=(y_t^k-c_t^k)c_t^k(1-c_t^k), \quad t=1,2,\cdots,q \tag{4.19}$$

（7）用连接权 h_{tj}、输出层的一般化误差 d_t^k、中间层的输出 b_j^k，计算中间层各单元的一般化误差 δ_j^k。

$$\delta_j^k = \left[\sum_{t=1}^{q} d_t^k h_{tj}\right] b_j^k(1 - b_j^k), \quad j = 1,2,\cdots,p \tag{4.20}$$

（8）用输出层各单元的一般化误差 d_t^k、中间层各单元的输出 b_j^k，修正 h_{tj} 和阈值 γ_t。

$$h_{tj}(n+1)=h_{tj}(n)+\eta\cdot d_t^k\cdot b_j^k, \quad j=1,2,\cdots,p,t=1,2,\cdots,q \tag{4.21}$$

$$\gamma_t(n+1)=\gamma_t(n)+\eta\cdot d_t^k, \quad t=1,2,\cdots,q,0<\eta<1 \tag{4.22}$$

（9）用中间层各单元的一般误差 δ_j^k、输入层各单元的输入 $\boldsymbol{X}_k=(x_1^k,\ x_2^k,\ \cdots,\ x_n^k)$，修正连接权 w_{ji} 和阈值 θ_j。

$$w_{ji}(n+1)=w_{ji}(n)+\eta\cdot\delta_j^k\cdot x_i^k, \quad i=1,2,\cdots,n,j=1,2,\cdots,p \tag{4.23}$$

$$\theta_j(n+1)=\theta_j(n)+\eta\cdot\delta_t^k, \quad j=1,2,\cdots,p,0<\eta<1 \tag{4.24}$$

（10）重新从 N 个学习模式对中随机选取一个模式对，返回到步骤

(3)，直至网络全局误差函数 E 小于预先设定的一个极小值，即网络收敛；或学习次数大于或等于预设的值，此时算法结束。

由于高层建筑火灾风险与其不确定风险因素的大小及风险程度存在非线性的关系，但是这种关系复杂难以用一般的数学模型进行描述，因此有学者引入经典 BP 神经网络进行高层建筑火灾风险评估研究，其学习过程如图 4.10 所示。

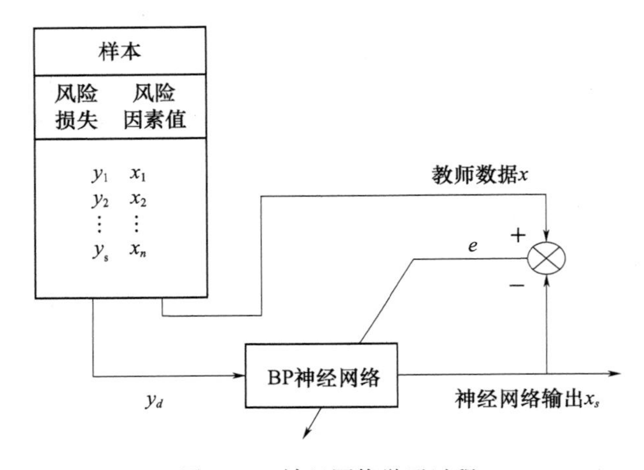

图 4.10　神经网络学习过程

其基本思路是：首先用高层建筑火灾风险的历史数据对 BP 神经网络进行训练。将风险因素值作为神经网络的输入端，把风险损失作为输出端，并用火灾风险实际值作为导师，对神经网络进行训练。当误差 $e=x_s-x\to 0$ 时，网络训练完成。再运用训练好的神经网络进行预火灾风险评估，将风险因素值输入即可得到此建筑的火灾风险损失值，进而做出决策。

经典 BP 神经网络基于 BP 算法，通过具有简单处理功能的神经元的复合作用，使网络具有非线性映射能力，在一定程度上确实提高了建筑火灾风险评估的准确性。尽管它在理论上的完善性和广泛的适用性决定了其在人工神经网络中的重要地位，但其算法自身的缺陷也是不可回避的。其缺陷突出体现在：

(1) 局部最优问题。BP 神经网络是一种前馈网络，它的实际输出只取决于网络的输入和权重矩阵。设想一个多维空间，构成该空间的每一个坐标轴值表示网络中的一个特定的权重的元素值，网络的误差对应于能量

坐标 E，这样的多维空间被称为权重空间，相应的误差 E 形成的曲面称为误差曲面。在误差曲面上存在一些局部极小点，当收敛到这种局部极小点时，无论经过多长时间，学习都不能达到其要求的最优解。

（2）算法的收敛速度慢。BP 算法是通过训练误差反传修改权重实现对客观对象的识别。对于一个非线性方程的识别，一般需要几千次训练，但是要实现复杂的非线性关系或模糊不确定关系的识别，则需要训练几万次，甚至几十万次。此外，研究发现，当评估对象风险因素过多时，人工神经网络可能存在维数灾难、不能收敛等问题。

4.3 高校学生宿舍火灾风险 PCA-RBF 评估建模

由于高校学生宿舍火灾风险评估存在历史数据少、指标体系复杂等特点，针对传统评估方法的局限性，这里引入径向基函数（Radial Basis Function，RBF）神经网络评估法[51]。但由于在运用 RBF 进行评估时易出现维数爆炸等问题，所以拟利用主成分分析法（Principal Component Analysis，PCA）先进行数据降维处理[52]。再将降维成功后的指标数据作为神经网络输入层，利用 RBF 法建模得到评估结果。PCA-RBF 评估建模思路如图 4.11 所示[53]。

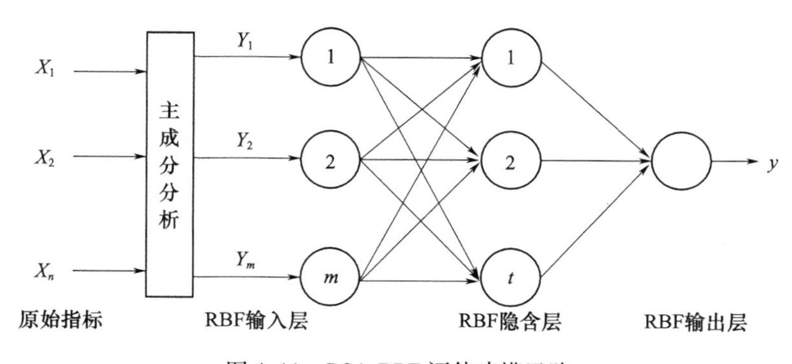

图 4.11 PCA-RBF 评估建模思路

4.3.1 PCA 数据降维

PCA 是一种在统计模式识别中用来进行数据压缩和特征信息提取的技

术方法。该方法具体是指将一组可能存在相关性的变量在正交变换操作下转换成新的一组变量，新变量呈线性不相关，这组新变量便被称为主成分。

首先，将采集的原始数据按式（4.25）的形式写出。然后，对综合权值向量的长度进行归一化处理，以确保综合变量 $\boldsymbol{t}_1$ 具备唯一性，故

$$\boldsymbol{t}_1=\boldsymbol{X}\boldsymbol{p}_1=[x_1x_2\cdots x_N]^{\mathrm{T}}\boldsymbol{p}_1,\ \|\boldsymbol{p}_1\|=1 \tag{4.25}$$

式中：$\boldsymbol{t}_1$ 为需要得到的综合变量；$\boldsymbol{p}_1$ 为这个综合变量对应的权值向量。

当足够的初始数据信息保留在 $\boldsymbol{t}_1$ 中时，$\boldsymbol{t}_1$ 的方差需为最大，可表示为

$$Var(\boldsymbol{t}_1)=\frac{1}{N}\|\boldsymbol{t}_1\|^2=\frac{1}{N}\boldsymbol{p}_1^{\mathrm{T}}\boldsymbol{X}^{\mathrm{T}}\boldsymbol{X}\boldsymbol{p}_1=\boldsymbol{p}_1^{\mathrm{T}}\boldsymbol{V}\boldsymbol{p}_1 \tag{4.26}$$

式中：$\boldsymbol{V}=\frac{1}{N}\boldsymbol{X}^{\mathrm{T}}\boldsymbol{X}$ 是 $\boldsymbol{X}$ 的协方差矩阵。

将上面的问题转换成数学公式，就变成了一个求最优解的问题。

$$\max\ \boldsymbol{p}_1^{\mathrm{T}}\boldsymbol{V}\boldsymbol{p}_1 \tag{4.27}$$

$$\mathrm{s.t.}\ \|\boldsymbol{p}_1\|=1 \tag{4.28}$$

此处，引入拉格朗日算法运算。拟定拉格朗日系数为 λ_1，有

$$\boldsymbol{L}=\boldsymbol{p}_1^{\mathrm{T}}\boldsymbol{V}\boldsymbol{p}_1-\lambda_1(\boldsymbol{p}_1^{\mathrm{T}}\boldsymbol{p}_1-1) \tag{4.29}$$

使 $\boldsymbol{L}$ 分别对 $\boldsymbol{p}_1$ 和 λ_1 求偏导，并令其为零，可以得到

$$\frac{\partial\boldsymbol{L}}{\partial\boldsymbol{p}_1}=2\boldsymbol{V}\boldsymbol{p}_1-2\lambda_1\boldsymbol{p}_1=0 \tag{4.30}$$

$$\frac{\partial\boldsymbol{L}}{\partial\lambda_1}=-(\boldsymbol{p}_1^{\mathrm{T}}\boldsymbol{p}_1-1)=0 \tag{4.31}$$

可以得到

$$\boldsymbol{V}\boldsymbol{p}_1=\lambda_1\boldsymbol{p}_1 \tag{4.32}$$

式中：$\boldsymbol{p}_1$ 为 $\boldsymbol{V}$ 的一个标准化特征向量，对应的特征值为 λ_1。

根据式（4.26）和式（4.32）可以得到

$$Var(\boldsymbol{t}_1)=\lambda_1 \tag{4.33}$$

从上面可以知道，想要使 $\boldsymbol{t}_1$ 的方差达到最大值，$\boldsymbol{p}_1$ 所对应的特征根 λ_1 必定要取得最大值，这里 $\boldsymbol{p}_1$ 为第一主轴，$\boldsymbol{t}_1=\boldsymbol{X}\boldsymbol{p}_1$ 为第一主成分。使用同样的方法可以得到第二主轴 $\boldsymbol{p}_2$，第二主成分 $\boldsymbol{t}_2=\boldsymbol{X}\boldsymbol{p}_2$，且 $Var(\boldsymbol{t}_2)$ 仅次于 $Var(\boldsymbol{t}_1)$，$\boldsymbol{p}_2$ 与 $\boldsymbol{t}_2$ 标准正交。以此类推，可以知道的第 A 个主轴 $\boldsymbol{p}_A$，第 A

个主成分 $\boldsymbol{t}_A = \boldsymbol{X}\boldsymbol{p}_A$。第一主成分 $\boldsymbol{t}_1$ 携带的数据信息最多，第二主成分 $\boldsymbol{t}_2$ 次之……，假设一共抽取 A 个主成分，A 个主成分所携带的信息总量为

$$\sum_{a=1}^{A} Var(\boldsymbol{t}_a) = \sum_{a=1}^{A} \lambda_a \tag{4.34}$$

当前 A 个主成分的累积贡献率达到假定数时，主成分 $\boldsymbol{t}_1$，$\boldsymbol{t}_2$，…，$\boldsymbol{t}_A$ 便可以涵盖初始数据的大多数信息。确定主成分个数的方式众多，但是累计贡献率法最为常见。

PCA 模型：经过 PCA 算法后，过程输入变量矩阵 $\boldsymbol{X}$ 被分解为 M 个子空间的外积和。

$$\boldsymbol{X} = \boldsymbol{T}\boldsymbol{p}^{\mathrm{T}} = \sum_{m=1}^{M} \boldsymbol{t}_m \boldsymbol{p}_m^{\mathrm{T}} = \boldsymbol{t}_1\boldsymbol{p}_1^{\mathrm{T}} + \boldsymbol{t}_2\boldsymbol{p}_2^{\mathrm{T}} + \cdots + \boldsymbol{t}_M\boldsymbol{p}_M^{\mathrm{T}} \tag{4.35}$$

式中：$\boldsymbol{t}_1$，$\boldsymbol{t}_2$，…，$\boldsymbol{t}_M$ 分别为第 1，2，…，M 个主成分向量；$\boldsymbol{p}_1$，$\boldsymbol{p}_2$，…，$\boldsymbol{p}_M$ 分别为第 1，2，…，M 个负载向量；T 和 $\boldsymbol{P}$ 分别为主成分的矩阵和负载矩阵。

主成分向量之间是正交的，也就是说，对于任意 m_1 和 m_2，当 $m_1 \neq m_2$ 时，满足 $\boldsymbol{t}_{m1}^{\mathrm{T}}\boldsymbol{t}_{m2}^{\mathrm{T}} = 0$。负载向量之间是正交的，对负载向量进行归一化的操作，确保唯一的主成分向量。

式（4.35）通常被称为过程输入变量矩阵 $\boldsymbol{X}$ 的主成分分解，$\boldsymbol{t}_m\boldsymbol{t}_m^{\mathrm{T}}$ 实际上是 M 个正交的主成分空间，这些主成分空间的值之和组成了原来的数据空间 $\boldsymbol{X}$。式（4.36）通过式（4.35）等号两侧同时右乘 $\boldsymbol{p}_m$ 得到，称之为主成分变换。

$$\boldsymbol{t}_m = \boldsymbol{X}\boldsymbol{p}_m \tag{4.36}$$

$$\boldsymbol{T} = \boldsymbol{X}\boldsymbol{P} \tag{4.37}$$

如果过程输入变量矩阵 $\boldsymbol{X}$ 中的变量具有一定的线性相关性，那么 $\boldsymbol{X}$ 的方差信息实际上主要集中在前面的几个主成分中，而最后几个主成分几乎不携带主要的过程信息。所以，PCA 法既能够将原始信息中的大部分留存下来，又能够将过程数据的维度降下来。

4.3.2 RBF 神经网络评估

人工神经网络的学习也可被称为训练，是指当有外部环境作用时，其自由参数出现变化，而且能够出现新的方式去适应新的环境的过程。神经

网络的本质便是通过外部环境对其的训练，从而达到自身性能的提高。

因为神经元的激活函数在神经网络被构造时就已经确定了，所以改变网络输出大小的唯一方法就是改变加权求和的输入。然而，改变加权输入又被限制了，因为神经元唯一能处理的只有整个网络的输入信号，所以通过修改神经元的权值参数是改变加权输入的唯一方法。由此可以看出，神经网络的学习过程其实就是对权值矩阵进行变化的过程。人工神经网络的学习算法是根据输出层是否需要对比实际输出来分类的，主要分为无导师学习和有导师学习。在这两种学习方法中，较有代表性的是 Hebb 学习规则和纠错学习规则。

1. Hebb 学习规则

对于无导师学习而言，Hebb 学习规则是最典型的，简要概括其原理便是对“突触权值”进行调整。在突触两端所连接的两个神经元非同时兴奋时，突触所拥有的能量就会彼此抵消甚至减除，这便是减小突触权值；在突触所连接的两个神经元同时兴奋时，突触所拥有的能量便快速大量上升，这便是增加突触权值。与之相对应的公式为

$$\Delta w_{ij}=\eta[(x_j-\overline{x_j})(x_i-\overline{x_i})] \tag{4.38}$$

式中：Δw_{ij}为 x_i 和 x_j 两个神经元的权值的修正值；$\overline{x_i}$和$\overline{x_j}$为神经元在规定的时间之内的平均值；η 为学习速率。

通过式（4.38），改变突触权值的规则如下：

（1）神经元 x_i 和 x_j 同时被激活兴奋，即在数学表达式中满足条件 $x_i>\overline{x_i}$且 $x_j>\overline{x_j}$时，就会增大突触权值。

（2）神经元 i 被激活，在数学表达式中满足条件 $x_i>\overline{x_i}$，而神经元 j 抑制，就会减少突触权值，反之亦然。

2. 纠错学习规则

假设神经元输出层有一个神经元 i，如果建立完整的网络模型，一个神经元就会有一个实际输出$\overline{y_i}$。通过设定的输入，我们也会有预测输出或目标输出 y_i，即实际输出和预测输出存在相应的误差。

$$e=\overline{y_i}-y_i \tag{4.39}$$

纠错学习规则的思想就是根据误差代价函数的梯度进行突触权值的调整，使误差达到最小，突触权值达到一种稳态。这也是典型的有导师学习

中的一种。在学习的过程中，对突触权值的调整形式为

$$\Delta w_{ij} = \eta e x_j \tag{4.40}$$

如果仅对神经元 i 旁边的突触权值做调整，即纠错学习是小范围调整。得到突触权值的调整 Δw_{ij}后，突触权值的校正值为

$$w_{ij} = w_{ij0} + \Delta w_{ij} \tag{4.41}$$

式中：w_{ij0}和 w_{ij}分别为突触权值的初始值和修正之后的值。

4.3.3 RBF 神经网络简介

RBF 神经网络是在 1988 年由穆迪（Moody）和达肯（Darken）提出的一种前馈型三层结构的神经网络，即输入层（input layer）、隐含层（hidden layer）和输出层（output layer）[53]。与 BP 神经网络等其他神经网络相比，RBF 神经网络的主要优点有：对训练样本要求低；能够模拟全局最优解；具有快速的训练速度。

第一层：输入层。输入层神经元的数量是 $\boldsymbol{X} = [x_1, x_2, \cdots, x_n]^{\mathrm{T}}$，$\boldsymbol{X}$ 中的每一行作为 RBF 神经网络输入层的输入。输入层主要是向隐含层中输入初始向量，输入层和隐含层的连接权值能够视为 1。在搭建 RBF 神经网络模型前，通常会对输入的数据进行归一化或标准化法处理。

第二层：隐含层。隐含层神经元的数量是 $\phi = [\phi_1, \phi_2, \cdots, \phi_N]$。RBF 神经网络中隐含层的径向基函数有很多形式，常见的有以下三种。

（1）拟多二次（Multiquadries）函数。

$$\phi(x, c_i) = (x^2 + c_i^2)^{\frac{1}{2}}, \quad i = 1, 2, \cdots, H \tag{4.42}$$

（2）反常 S 型（Reflected Sigmoidal）函数。

$$\phi(x, c_i) = \frac{1}{1 + \exp\left(\frac{\| x - c_i \|^2}{\delta^2}\right)} \tag{4.43}$$

（3）高斯（Gauss）函数。

$$\phi(x, c_i) = \exp\left(-\frac{\| x - c_i \|^2}{\delta^2}\right) \tag{4.44}$$

式中：x 为基函数的中心；δ 为基函数的宽度。

一般径向基函数为高斯函数，见式（4.44）。高斯函数的中心和宽度是径向基函数的重要参数，通过对参数求解。径向基函数神经网络隐含层

的输出为

$$u_i(x) = R(\| x - c_i \|) = \exp\left(-\frac{\| x - c_i \|}{2\delta_i^2}\right) \tag{4.45}$$

第三层：输出层。在隐含层的输出结果上，通过数学上的线性组合方式，求解出神经网络的最后输出值。

输出层的结果只有一个，这个结果就是所谓的预测值，其中的映射函数是线性的，即利用连接权值将隐含层的输出结果进行线性组合，表达式为

$$y = \sum_{i=1}^{H} w_i u_i \tag{4.46}$$

由以上 RBF 神经网络的结构得知，RBF 神经网络的性能最终由中心值、宽度及连接权值三者确定，所以做好这三个参数的优化很关键。

4.3.4 RBF 神经网络学习算法

由上述 RBF 神经网络的结构特征可知，在 RBF 神经网络中，其输入值与输出值并不是线性的。首先，输入层与隐含层不是线性连接，输入层的变量能够通过径向基函数直接映射至隐含层，这一步是不需要用权值进行连接的。然后，从隐含层到输出层的连接是线性的，隐含层输出与权值的加权和便可以求出输出层。

因此，当常用的高斯函数被确定作为径向基函数时，隐含层的中心、宽度和节点层数便是研究的主要内容。一般，第一步是选择隐含层的中心，即确定径向基函数的中心和宽度；第二步是确定连接权值。针对 RBF 神经网络的结构，以下为各个步骤的几种代表性的学习算法。

1. 随机选取 RBF 中心（直接计算法）

此方法最为简单。RBF 神经网络的基函数的中心是根据相应输入变量随机选取的，此后，基函数的中心便被确定下来。如此，隐藏层的输出便能够确定。线性方法也可以用以连接权值的确定。

根据 RBF 神经网络选用的高斯函数，由于基函数的中心已确定下来，所以根据如下形式确定基函数宽度。

$$\delta = \frac{d_{\max}}{\sqrt{2H}} \tag{4.47}$$

式中：$d_{\max}$为选取中心之间的最大距离；H 为隐含层节点数。

RBF 神经网络的权值向量，一般由伪逆法求得，即

$$\boldsymbol{w} = \overline{\boldsymbol{G}}\boldsymbol{y} \tag{4.48}$$

式中：$\boldsymbol{y}$ 为神经网络训练的实际输出向量；矩阵 $\overline{\boldsymbol{G}}$ 为矩阵 $\boldsymbol{G}$ 的伪逆矩阵。

矩阵 $\boldsymbol{G}$ 的定义为

$$\boldsymbol{G} = \{g_{qi}\} \tag{4.49}$$

$$g_{qi} = \phi(x_q, c_i) = \exp\left(-\frac{\| x_q - c_i \|}{2\delta_i^2}\right) \tag{4.50}$$

式中：x_q 为输入层中第 q 个节点。

2. 自组织选取中心法

线性方法自身存在不足，即从输入变量中固定选取径向基函数的中心。如果训练数据能够适应当前选取的中心值，则随机选取方法可用。但是，一旦训练数据不合适，就会耗费大量的时间才能在训练中找到适当的参数。而自组织选取中心法正好可以避免这个缺点。该方法通过无监督学习得到 RBF 神经网络的基函数中心和宽度，再利用有监督学习方法计算权值向量，因此，可将利用该方法的网络参数优化分成两个阶段。

第一个阶段：用无监督学习方法（K 均值聚类算法），得到隐含层中基函数的中心 c_i。具体步骤如下：

（1）把各个隐含层节点进行初始化中心 c_i（0），取输入原始数据的前 k 个值，迭代次数为 t。

（2）计算输入变量和中心的欧式距离，$d_i(t) = \| x(t) - c_i(t) \|, i = 1, 2, \cdots, k$。

（3）计算最小值，$d_m(t) = \min d_i(t)$。

（4）调整中心值，$c_i(n+1) = \begin{cases} c_i(n), i \neq d_m(t) \\ c_i(n) + \eta[x(t) - c_i(t)], i = d_m(t), 0 < \eta < 1 \end{cases}$。

（5）判断 $c_i(n+1) = c_i(n)$，或原始输入数据是否训练完毕。如果训练完毕，停止迭代，否则，转至步骤（2）。

（6）得到调整之后的中心值 c_i。

当由以上高斯函数作为 RBF 神经网络的基函数时，基函数宽度由输入数据与选取中心之间的最大距离所得，即由式（4.47）所得。

第二个阶段：用有监督学习方法。该方法通常使用梯度下降法，是最基础的优化方法，通过沿着梯度下降的方向得到函数的极值。

$$w_j(n)=w_j(n-1)+\eta(\bar{y}(n)-y(n))\phi_j+\alpha[w_j(n-1)-w_j(n-2)] \tag{4.51}$$

$$\Delta\delta_j=(y(n)-y_m(n))w_j\phi_j\frac{\|X-c_j\|^2}{\delta_j^2} \tag{4.52}$$

$$\delta_j(n)=\delta_j(n-1)+\eta\Delta\delta_j+\alpha[\delta_j(n-1)-\delta_j(n-2)] \tag{4.53}$$

$$\Delta c_{ij}=(\bar{y}(n)-y(n))w_j\frac{x_j-c_{ij}}{\delta_j^2} \tag{4.54}$$

$$c_{ij}(n)=c_{ij}(n-1)+\eta\Delta c_{ij}+\alpha[c_{ij}(n-1)-c_{ij}(n-2)] \tag{4.55}$$

式中：η 为学习步长；α 为动量因子；$j=1, 2, \cdots, H$；$i=1, 2, \cdots, n$；$y(n)$ 为 n 次迭代时 RBF 神经网络的模型输出；$\bar{y}(n)$ 为 n 次迭代时 RBF 神经网络的实际输出。

由梯度下降法可知，第二阶段中的权值向量由梯度下降法进行学习修正。即自组织选取中心法通过前期的无监督学习的 K 均值聚类算法来确定基函数的中心和宽度，后期通过有监督学习的梯度下降法求得权值向量。

3. 有监督的中心选取法

采用有监督的中心选取法，RBF 神经网络中的基函数中心、宽度和权值向量都是通过监督学习来得到的，需经历一个误差修正学习的过程，是采取梯度下降法时最简单有效的方法。

有监督的中心选取法和自组织选取中心法的区别是：在有监督的中心选取法中，基函数的中心、宽度和权重向量都是通过有监督学习方法求得的；在自组织选取中心法中，基函数的中心和宽度是通过无监督学习方法求得的，权值向量是通过有监督学习方法求得的。

选取学习方法时，需注意以下两点：第一，使用有监督的中心选取法的梯度下降法时，容易受到局部最优点的影响，可能无法到达全局最优点；第二，在沿梯度方向寻求最优值时，若最优值周围的变化范围不大，可能会引起算法在最优值周围产生振荡等。

由此可以看出，无论是无监督学习方法，还是有监督学习方法，都存在一定的局限性。然而，RBF 神经网络学习算法受到业界许多学者的关注和重视，针对现有学习算法存在的不足，提供了很多优化改进方法，特别是在 RBF 神经网络的应用研究方面产生了许多研究成果。其中，有学者研究发现，无监督学习和有监督学习的结合可以使 RBF 神经网络具有良好的收敛速度和精度保障，而且方法更为简单直观。基于此，本书利用自组织选取中心法和梯度下降法结合进行参数的优化和改进。

如前所述，高校学生宿舍火灾风险评估存在历史数据少、指标体系较为复杂等特点，而 RBF 神经网络在处理该类问题时具有优越性，非常适合其火灾风险的评估。因此，这里将 RBF 神经网络引入高校学生宿舍火灾风险评估，构建基于 RBF 神经网络的高校学生宿舍火灾风险评估模型。

4.4　实例分析

为验证所构建的高校学生宿舍火灾风险 PCA-RBF 评估模型的科学性和有效性，本书以华北地区某大学城内 40 栋宿舍楼的火灾风险调查数据为例，进行实例分析。这 40 栋宿舍楼分别选自 5 所不同办学层次（涵盖本科、专科等）的高等院校，各宿舍楼在建筑结构形式、竣工时间、最新装修时间等方面各有不同，能较全面地反映目前我国高校学生宿舍楼火灾风险的实际情况。

4.4.1　建筑信息模型的构建

建筑信息模型（Building Information Modeling，BIM）的概念由来已久，最先提出这一理念的是欧特克公司（Autodesk），其基础理论是三维数字技术，而后搭建起一个将建筑工程项目中的各种信息集成起来的以数据为中心的模型[54]。该方法本质是利用计算机辅助设计功能，将建筑物信息进行三维化、信息化。作为一项新兴技术，BIM 技术目前成为土木、建筑等多个学科领域被广泛使用的工具，在行业内被广泛认可。由于整个设计过程中的所有信息都能够被计算机程序进行科学的管理，所以可以保证设计对象整个建设过程中的数据具有一致性。而建筑信息模型的参数化是指，可以用一个建筑模型和一个数据信息库来动态表达所有建筑物的信息。

目前，BIM 被广泛地应用于城市建筑的设计、施工及运营管理等建设项目各个工作环节中，所产生的信息被自动形成一个数据库，该行为表现在建筑全生命周期过程。可以说，BIM 的产生对于整个建筑行业是革命性的。

BIM 是继 CAD 后出现的一种新的计算机软件技术。在 BIM 技术的支持下，所衍生的一系列软件之间可以实现相互协作。另外，BIM 也从 CAD 类计算机辅助画图软件开始，拓展到了越来越多的软件编程领域，如项目成本、组件生产、工艺建筑等。同时，BIM 在设备跟踪、管理等方面也蕴含着系统潜能，即利用建设过程中的数字显示功能，达到建筑信息数字化交流与合作的目的。BIM 的出现为建筑的信息化管理提供了智能化工具和手段。

BIM 中的信息主要包括建筑物的几何平面、三维图形、地理信息、各种建筑构件的特征和数量（如材料的耐火等级）信息等。BIM 能够将建筑工程的全生命周期联系和显示出来，涵盖了施工和运营等全流程，并且能够便捷地从整个过程中获取建筑材料相关的重要信息。

BIM 将建筑元件数字化，用以展示实际生产中的建筑构件。在基于 BIM 的建筑信息模型中，建筑中的每个构件都可以作为单独个体或整体被呈现。在 BIM 计算机辅助绘图中，用矢量图形组合表示对象是对传统设计方法的根本改变，因为它可以将多幅平面的图形组合起来立体表示对象。

BIM 有 5 个主要特点，即可视化性、可协调性、可模拟性、优化和制图。对于整个建筑业而言，BIM 可视化建模技术应用于建筑业之后，对整个行业健康发展发挥了非常重要的作用。例如，传统的 CAD 图纸用于建筑施工时，通常只是通过在图纸上的平面线条组合来表达各个构件的信息，但真正的建筑构件形式可能只有从业经验丰富的人员才能看得明白。在传统施工中，此类方案可能是可行的。但在当今信息化时代，随着建筑设计的快速发展，建筑的结构表现形式各不相同，复杂的建筑设计被不断地推陈出新。如果图纸的表达仍只是停留在线条的组合和人们的想象上，必然会造成大量的人力、物力及时间的浪费。BIM 提出的可视化思路，让人们直接看到一种三维的建筑图形，把过去的线状构件直接在人们面前立体地展示出来。且与前期设计阶段所给出的设计方案效果图有所不同，设计效果图只是由线条信息所构成的平面三维视觉图片，并没有将构建的自身特性等信息糅合进去，这样便造成构件与构件之间缺少信息的共享与交互。但 BIM 的可视化是一种视觉和信息共同的可视化，其能够做到在建筑信息模型中形成各个构件之间的信息交流，整个过程都是可视化的。因此，建筑信息模型的结果既能够作为效果图展示，也可以在建筑的设计、施工和运营之间搭建沟通的桥梁，为相关方工作人员的决策提供科学依据。

目前，专家打分是获取火灾风险评价数据的主要途径，但众所周知，打分过程容易受专家主观性人为因素的影响，此问题至今尚未得到有效解决。传统的专家打分方式主要有两种：第一种是将打分对象的信息通过文字、表格或者二维图纸的形式传递给评分专家，专家根据现有信息进行打分；第二种是专家通过现场探勘，结合评价对象相关资料的形式，给予评价对象相关的评分。但这两种做法都有其局限性：第一种方式极易造成评价对象信息缺失；第二种方式工作量大，且受时间和空间上的限制。由此导致传统专家打分法中获得的评分数据不全面、不科学等问题，影响评估结果的准确性。

因此，本书基于 BIM 的可视化这一特点，通过建筑信息建模，将被评价对象的各类关键信息全面、立体地展示给各位专家，以辅助专家更为准确地对被评价对象的相应指标做出分值判断，从而减少专家个人主观性带来的影响。

这里以某高校单体学生宿舍楼为例，搭建基于 Revit 的建筑信息模型。已知该建筑首层平面图如图 4. 12 所示，建筑长 50. 4m，宽 13. 5m，层数为 7 层，建筑结构为框架结构。先将建筑图纸导入 Revit 软件中，根据图纸信息建立 Revit 建筑信息模型（过程略）。在建模过程中，建筑信息尽可能具体并场景化，以便更好地辅助专家进行量化打分。最终建立的该建筑三维模型如图 4. 13 所示。

建筑信息模型辅助专家量化打分的优点在于，可以充分利用建筑信息模型的信息可视化特点，即无论是建筑结构主体（例如墙、柱等），还是相应的建筑构件（例如门窗、装饰装修等），以及建筑内物件（例如桌椅、床铺等)，都可以在搭建好的模型中将其相关的参数通过可视化表格的形式表达出来。所以，评分专家既可以获得评价对象的相关参数，又能够通过三维模型即时观察建筑的实体，从而减少专家评分时的主观性，提高评价结果的客观性。例如，在评分专家利用建筑信息模型辅助打分时，需要即时获取某房间的疏散用门相关信息，就可以利用模型参数可视化的特点，及时得到该扇门有关的具体信息，如图 4. 14 所示。

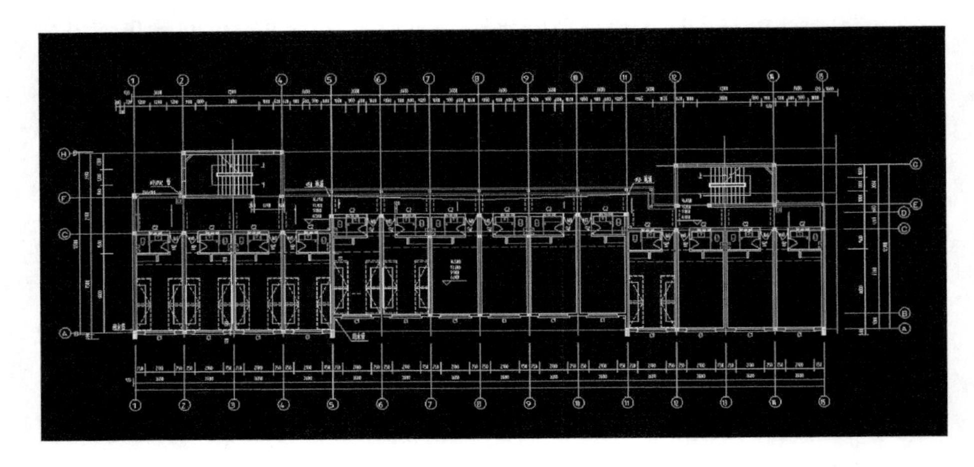

图 4. 12　某建筑首层平面图

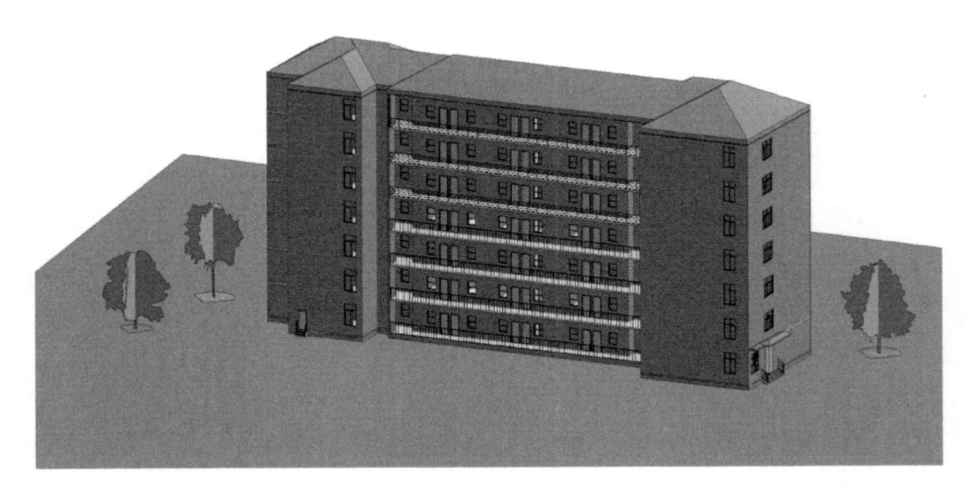

图 4. 13　该建筑三维模型（北面）

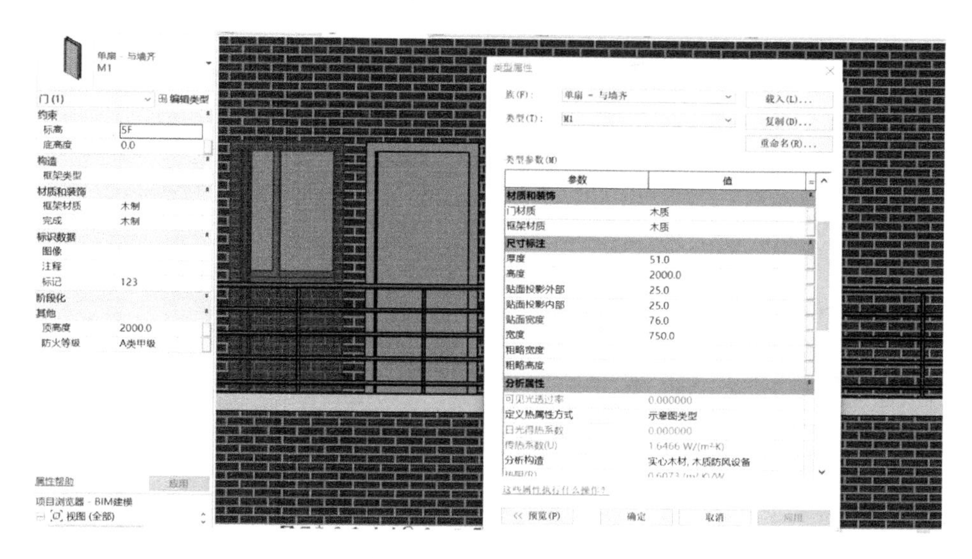

图 4.14　某扇门的参数

在图 4.14 中，专家可以直观地获取在评价打分时所需的相关信息，例如门的材质及耐火等级等参数，有利于专家做出火灾发生后扩散情况的判断，门洞的尺寸、位置等参数有利于专家做出火灾发生后人员疏散问题的判断。

4.4.2　评价等级的确定

根据相关文献的规定及高校学生宿舍火灾实际情况，这里将高校学生宿舍火灾风险等级确定为由低至高 5 个等级，即评价集表示为 {风险可忽略，风险低，风险一般，风险较高，风险高}，并且设置相应的评价值区间，见表 4.5。通过表 4.5，可以将高校学生宿舍火灾风险的定性描述转化为定量描述，是整个评估研究中的关键一步。

表 4.5　高校学生宿舍火灾风险等级评分区间

火灾风险等级	风险可忽略	风险低	风险一般	风险较高	风险高
评分值	[0, 6)	[6, 7)	[7, 8)	[8, 9)	[9, 10]

邀请 7 位具有丰富建筑消防从业经验的业内专家，对上述 40 栋高校学生宿舍楼进行指标评价打分，取平均值作为各评价对象火灾各风险因素量

化结果。专家打分结果表示，多数风险因素的评分集中在6～8分，少数专家给出了较低的0分或者1分，较高评分主要在9分，只有极少数给出了10分。专家打分结果的分值分布情况如图4.15所示。

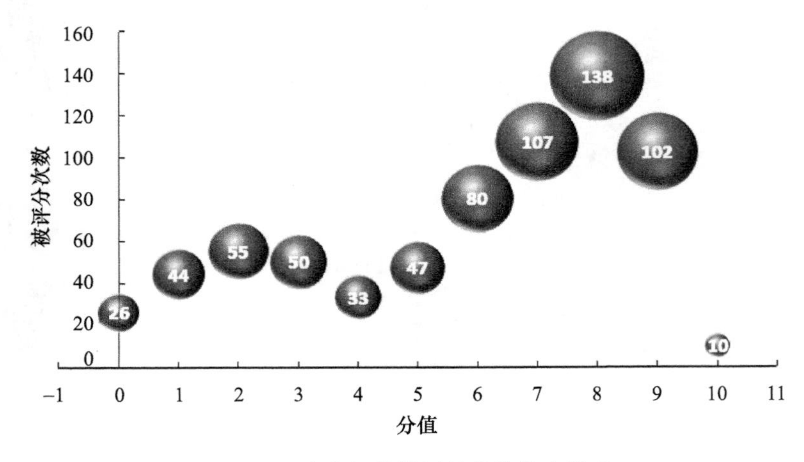

图4.15　专家打分结果的分值分布情况

4.4.3　PCA-RBF 数据处理

在得到专家评分的原始数据之后，需要进行PCA-RBF数据处理。比较常用的方法有：利用MATLAB软件进行编程，或者利用SPSS软件进行数据分析。因为SPSS软件能够直接进行PCA和RBF数据分析，省去了自行编程的烦琐，所以这里采用SPSS软件对专家评分原始数据进行进一步处理分析。

先对40组数据进行降维处理，根据特征值大于1或者接近于1的原则提取出3个主成分，且其累计方差贡献率为72.57%，大于70%。因此，将16个评价指标降为3个，主成分提取结果见表4.6。

表4.6　主成分提取结果

主成分	特征值	方差贡献率（%）	累计方差贡献率（%）
P1	8.759	54.741	54.741
P2	1.552	9.697	64.438
P3	1.301	8.131	72.569

依据经验式确定神经网络隐含层节点数为7，因此，这里取 RBF 神经网络的网络结构为 $3\times7\times1$。在 SPSS 软件中设置训练样本为35组，检验样本为4组，支持样本为1组，进行径向基函数神经网络分析，且样本随机选择，输出部分结果见表4.7。

表 4.7　检测楼栋与待测楼栋的期望输出值与实际输出值

楼栋号	楼栋属性	期望值	实际值	相对误差（%）
L36	检验样本	7.8750	7.6254	-3.17
L37	检验样本	7.9375	7.7717	2.09
L38	检验样本	7.875	7.907	0.41
L39	检验样本	8.5625	8.4234	-1.62
L40	支持样本	—	8.7882	—

由表4.7可知，在检测样本中，期望值与实际值的相对误差非常小，说明该神经网络模型训练效果比较理想。另外，待测楼栋的实际值为8.7882，参考表4.5中的评分区间，可知支持样本存在较高火灾风险，需要进一步对楼宇进行火灾安全风险点排查，并做出改进。

4.4.4　模型的验证

为进一步验证主成分分析降维处理对于神经网络预测所产生的影响，体现出 PCA-RBF 方法相对于纯 RBF 方法的合理性和科学性，本书再将未经 PCA 处理的 RBF 神经网络模型评估结果与上述试验结果进行对比分析，结果如图4.16和图4.17所示。

可见，采用 PCA 法进行数据降维处理之后，指标之间的冗余信息得到了有效的削减，PCA-RBF 神经网络评估结果与实际值输出的离散程度远小于未经 PCA 法处理的 RBF 神经网络评估结果。另外，将两次试验结果中的每个有效样本的实际值与预测值做差，再根据差值分别求其标准差。可以发现，基于未经 PCA 处理的 RBF 神经网络模型情况下的评估结果的标准差 $\sigma_1=1.3113$，基于 PCA-RBF 神经网络模型情况下的评估结果的标准差 $\sigma_2=0.4795$。由评估结果的标准差可以看出，后者的评估结果明显更为准确，偏差比前者减小63.43%。因此，这里所构建的高校学生宿舍火灾风险 PCA-RBF 神经网络评估模型的评估结果比传统 RBF 神经网络评估模型的评估结果明显更为准确。

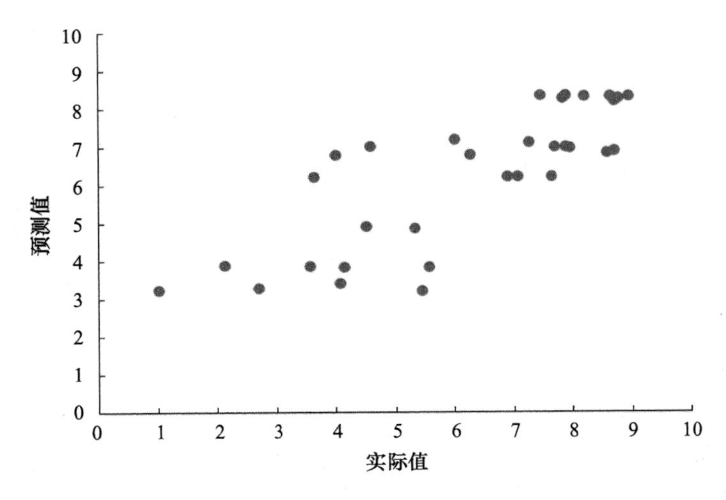

图 4. 16　未经 PCA 处理的 RBF 神经网络评估结果

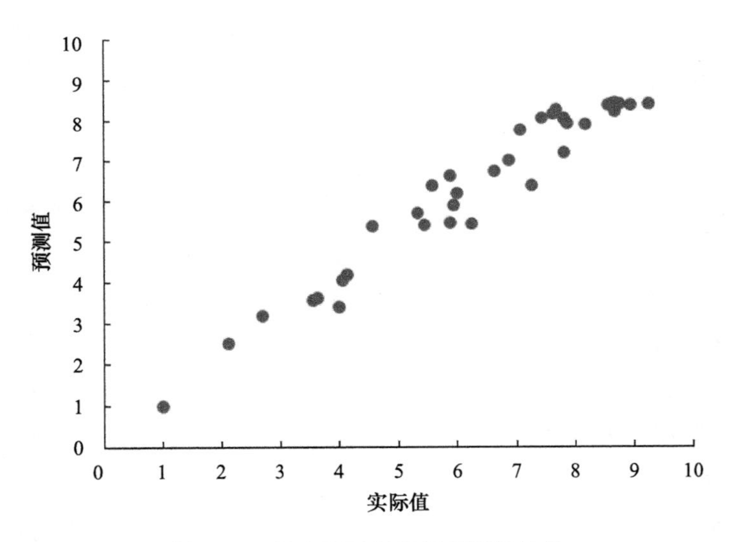

图 4. 17　PCA-RBF 神经网络评估结果

5 城市地下商业综合体火灾风险评估

目前，我国城市地下商业综合体数量逐年增多。但由于地下商业综合体存在火灾荷载大、通风照明差、疏散困难等特点，加之其多处于城市人员较为密集的地段，因此，近年来，由城市地下商业综合体火灾所导致的人员伤亡和财产损失呈逐年上升趋势。

5.1 地下商业综合体火灾的特点

研究表明，由于城市地下商业综合体自身的特殊性，和一般的城市建筑相比，城市地下商业综合体火灾的特点主要体现在以下几个方面。

（1）火灾荷载大，火灾蔓延速度快。地下商业综合体中往往存在大量可燃物和易燃物，导致地下商业综合体火灾荷载较大，一旦发生火灾，会迅速蔓延至整个建筑，对建筑内人员的人身、财产安全造成危害。且地下商业综合体经营餐饮、食品加工的场所中，往往存有燃气罐等易燃易爆品，如果使用不当，易引发火灾和爆炸。同时，由于地下空间相对封闭，缺少自然光线，因此必须安装照明、通信、通风等用电设备，从而导致线路复杂、电气设备数量多、用电负荷较大，如果不进行检修，很容易引发火灾。通过对相关城市地下商业综合体火灾案例的调查分析，大多数火灾的引发都是电气设备的使用不规范导致的。

（2）通风条件差，烟气排放困难。城市地下商业综合体的建筑整体处于地面之下，没有门窗直接与外部环境连通，通向地面的通道较少。火灾发生时，空间较为封闭的特点会导致烟气很难及时排出。根据对火灾事故的调查统计，火灾燃烧时的烟雾是造成人员伤亡的主要原因。在城市地下商业综合体中有各类商品百货、建筑装饰材料等可燃性物质，这些物质的燃烧会产生大量的有毒气体，热量在建筑物内大量聚集，从而对人员的生命安全构成威胁。

（3）能见度低，逃生难度大。城市地下商业综合体主要建设在城市中心商业地带，人流量大，人员密集，且多数为对建筑疏散路径不熟悉的顾客和交通换乘人员，加之较为复杂的内部空间结构，因此人群难以在第一时间有效疏散。在火灾发生时，由于烟气扩散方向与人员疏散路径基本相同，导致烟气不断聚集，建筑内环境能见度快速下降。同时，火灾断电后地下疏散通道缺乏采光，容易使建筑内人员迷失方向，从而降低疏散效率等。

（4）火灾形式复杂，救援困难。城市地下商业综合体的建筑结构较为复杂，同时，商户会根据自身需要进行装修与改造，导致建筑内部布局更加复杂。一旦发生火灾，消防人员在火灾中熟悉环境、控制火势就需要花费更长的时间，消防器材难以第一时间到达火场进行灭火。此外，地下商业综合体一般只能通过有限的机械排烟系统排烟，导致烟气在地下空间内大量聚集，阻碍救援进程。

近年来，城市地下商业综合体的商业活力逐渐增强，逐渐向着规模化、多功能化方向发展，导致城市地下商业综合体的火灾不确定性进一步加大。因此，对地下商业综合体火灾风险进行评估研究迫在眉睫。

5.2 城市地下商业综合体火灾风险评估指标体系的建立

结合城市地下商业综合体建筑的特性，通过对典型城市地下商业综合体建筑火灾案例及文献分析[55-57]，并对统计的各火灾风险影响因素频数进行统计，最终得到统计结果见表 5.1。通过表 5.1 可以得到城市地下商业综合体火灾影响因素的大体范畴。

表 5.1 城市地下商业综合体火灾风险影响因素频数统计

指标	次数	指标	次数
安全疏散	10	应急预案与演练	7
建筑耐火等级	9	防火巡查、检查	6

续表

指标	次数	指标	次数
防排烟系统	9	疏散距离	6
火灾自动报警系统	9	安全出口	6
应急疏散与疏散标志	9	消防给水系统	6
自动喷水灭火系统	8	消防栓	5
应急广播	8	防火分隔设施	5
消防安全制度	7	商场内部平面布置	5

邀请5位从事建筑消防安全领域的专家，其中注册消防工程师2位，消防救援队从业人员1位，注册安全工程师2位。5位专家从业经验都在5年以上。通过对上述专家进行访谈，征求专家对城市地下商业综合体火灾风险的影响因素建议，汇总专家建议，最终得到城市地下商业综合体火灾风险因素范畴为：建筑耐火等级，消防栓系统，防火分区，消防给水系统，综合体内部平面布局，火灾自动报警系统，应急疏散与疏散指导系统，灭火及救援器材，电气防火，自动喷水灭火系统，消防供配电系统，防火分隔设施，安全意识，消防安全制度，应急预案与演练，消防安全培训与教育，防火巡查、检查及隐患整改，消防设施检查、维修及保养，地面安全出口通畅度。

结合《建筑设计防火规范》（2018年版）、GB 50098—2009《人民防空工程设计防火规范》等，最终构建城市地下商业综合体火灾风险评估指标体系如图5.1所示。该指标体系包括防火体系、灭火体系、安全疏散体系、消防安全管理体系4个一级指标，30个二级指标。各指标的具体分析如下。

5.2.1 防火体系影响因素分析

1. 建筑结构防火能力指标分析

建筑物具备良好的防火和阻燃功能，能够有效降低火灾对建筑物产生的破坏，减缓火势蔓延，降低财产损失并保护人身安全。本书主要通过建筑物耐火等级、防火防烟分区划分及防火防烟分隔物三个方面进行指标选取。

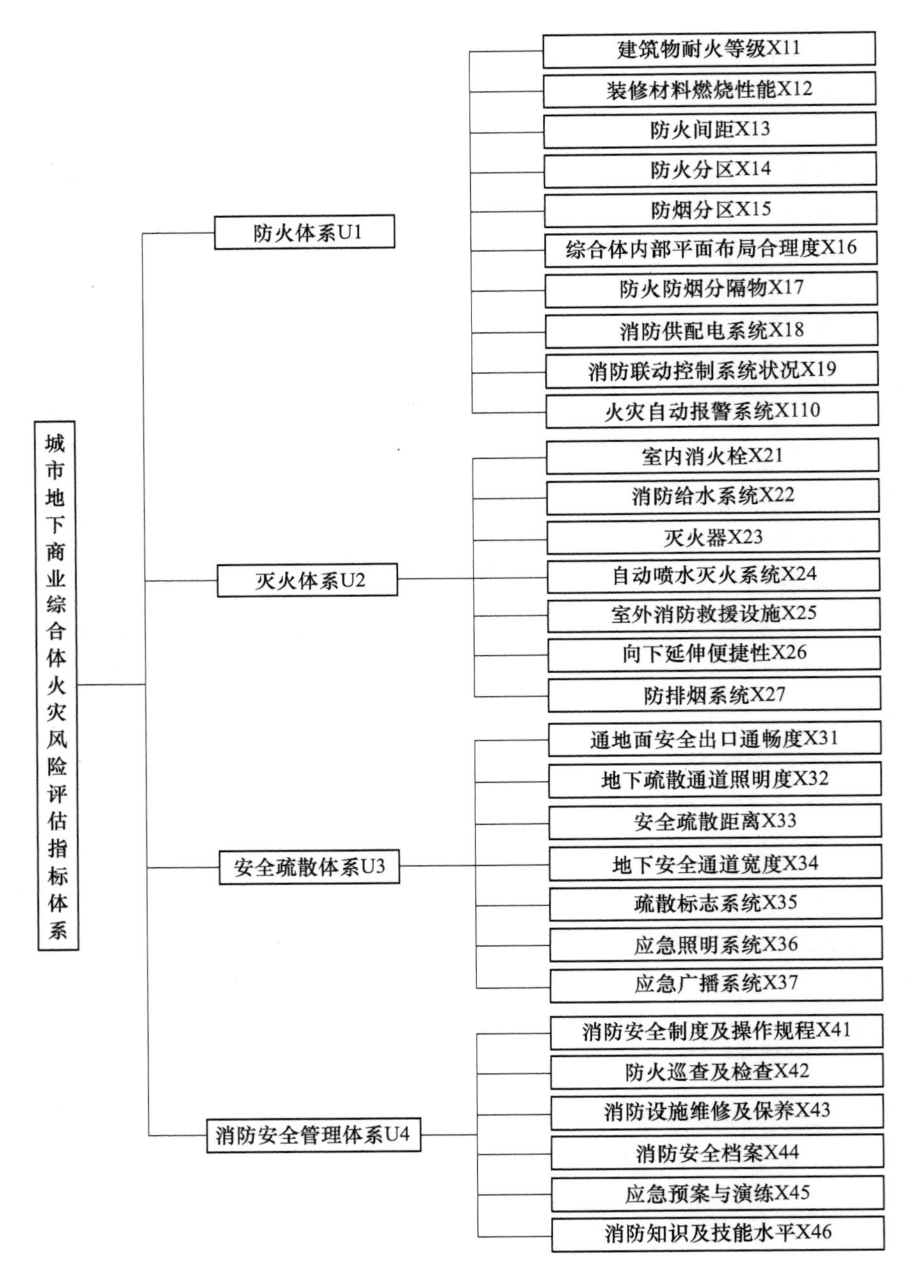

图 5.1　城市地下商业综合体火灾风险评估指标体系

1）建筑物耐火等级

建筑物耐火等级是建筑设计防火技术中最基本的防火措施。建筑物耐火等级是由建筑物的使用性质、重要程度、建筑规模和火灾扑救难度等多方面的因素所共同决定的。按照国家对于地下建筑耐火等级的规定，地下商业综合体的建筑耐火等级不得低于一级。

在建筑内部装修材料方面，地下商业综合体具有商业功能，会承办多次商业活动，装饰装修材料需求量大；经营商业模式的多样性，使得装饰装修材料种类多，且以可燃和易燃材料为主，是影响建筑物火灾风险的重要因素。

防火间距是指建筑物之间必要的防火安全间距，主要是指用来防止建筑物间的火势蔓延，且有利于消防车扑救的间隔距离。确定各商铺的位置、火灾风险程度、使用功能和安全疏散难易程度等因素，进行城市地下商业综合体内部使用功能的合理分区，并保证各功能分区的合理间距，可以有效减少火灾隐患，减缓火势蔓延，提高人员疏散逃生效率。

基于以上分析，这里选取建筑物耐火等级、装修材料燃烧性能、防火间距和综合体内部平面布局合理度四个指标。

2）防火防烟分区划分

城市地下商业综合体中存放了许多易燃、可燃物品，火灾发生时，火势会通过引燃商品，迅速在综合体内蔓延。综合体内部互连通道多，如果不能及时控制，火势会迅速蔓延至建筑内其他区域，威胁人员生命和财产安全。因此，进行科学合理的防火分区设计，能够阻止火势向其他区域扩散，保障人员疏散安全，减少财产损失。

同时，发生火情时，有毒有害烟气是造成人员伤亡的主要原因。在防火分区内部合理设置防烟分区，能够将有毒有害烟气和热量限制在防烟分区内，防止有毒有害烟气流动扩散到其他区域。同时，为保证防烟分区有效发挥作用，防烟分区的范围通常不得大于防火分区。

基于以上分析，这里选取防火分区和防烟分区两个指标。

3）防火防烟分隔物

防火分区主要是由防火墙、防火门等防火分隔物分隔而成。防烟分区的主要分隔方式是设置挡烟垂壁。保障防火防烟分隔物使用材料的耐火等级符合设计要求，同时通过在建筑物内部进行合理划分，形成多个防火空间单元，使防火防烟分区功能能够正常运行。基于以上分析，这里选取防火防烟分隔物指标。

2. 建筑电气防火能力指标选取

在发生火灾时，必须保障供电系统能够为消防设施供电，这就要求对供电系统和电线电缆采取有效的防火措施。

1）消防供配电系统及消防联动控制系统

为保障建筑内各灭火设施设备在灭火时能够维持正常运行，应当根据地下商业综合体内消防设施的配备情况，合理设计消防供电系统，并对消防供电系统的配线进行防火阻燃处理。

消防联动控制系统是火灾自动报警与消防联动的重要设施，通过接收火灾自动报警系统收集并发送的火灾报警信息，对建筑内的相应自动消防灭火设备（声光报警器、应急照明设施、自动灭火设施、防排烟风机等）进行联动控制和运行状态监视。稳定可靠的消防联动控制系统，能够及时根据火情发出警报，并进行灭火。

基于以上分析，这里选取消防供配电系统、消防联动控制系统状况两个指标。

2）火灾自动报警系统

火灾发生时，火灾自动报警系统可以第一时间及时发现火情并准确发出火灾警报，是火灾应急管理的重要一环。报警系统通过接收并分析探测点传输的数据，进行火情识别，并对建筑火灾数据进行信息综合分析，最终做出对火情的判断，同时发出报警信号，提示建筑内人员迅速撤离。也就是说，城市地下商业综合体应当根据其功能和商业布局的需要，选择合适的火灾探测器，在建筑内进行科学合理的布置，并保证该系统能够有效运行。基于以上分析，这里选取火灾自动报警系统作为指标。

5.2.2 灭火体系影响因素分析

灭火系统是目前控制火情的有效方法，能够减缓火势在建筑内部、建筑与建筑之间的传播。这里主要通过对室内消火栓、消防给水系统及灭火器，自动喷水灭火系统，室外消防救援设施，防排烟系统四个方面进行指标的选取。

1. 室内消火栓、消防给水系统及灭火器

消火栓灭火是最常用的灭火方式，能够在控制火势蔓延中发挥重要作用。由于商业综合体内部布局较为复杂且建筑面积大，在整体的消防安全上，需要进行综合考量具体设计。合理布置室内消火栓，能够保障消防给水的覆盖范围，便于消防人员第一时间用于火情扑救。消防给水系统通常包括供水水源、给水水泵、输水管道等。消防储水量充足，水源供给稳定，就可以在灭火时提供可靠的消防水源保障。

目前，使用最多的手提式灭火器有水基灭火器、干粉灭火器和二氧化碳灭火器等。作为火灾初期控制火情的主要工具，灭火器不仅方便配备，而且灭火效率高。城市地下商业综合体内商铺应根据所经营商品的种类，选择适配的灭火器，以保证能在火灾初期对火情及时控制。

基于以上分析，这里选取室内消火栓、消防给水系统和灭火器三个指标。

2. 自动喷水灭火系统

自动喷水灭火系统能够在发生火灾时，第一时间通过喷洒灭火物质进行灭火，是建筑内最主要且效率最高的灭火措施。地下商业综合体内部电气设施多，特别是针对大型电气设备用房，使用气体灭火系统和干粉灭火系统等，能够有效地应对电气设备起火的情况。基于以上分析，这里选取自动喷水灭火系统作为指标。

3. 室外消防救援设施

室外消防救援设施能够辅助消防队进行现场灭火。众所周知，消防车道是消防车通往火灾现场的专用道路，其路面宽度、承重能力及道路通畅程度等必须满足防火设计需要；此外，消防电梯是消防人员进入火场进行灭火的专用电梯，是消防救援的可靠载具。

由于地下商业综合体的建筑主体基本处于地下，室外消防救援设施应具备向地下部分延伸的便捷性。

基于以上分析，这里选取室外消防救援设施和向下延伸便捷性两个指标。

4. 防排烟系统

地下建筑发生火灾时，建筑内的氧气会迅速消耗，同时，如果无法及时排出烟气，烟雾大量聚集，容易导致建筑内部温度上升。而燃烧导致的氧含量快速下降，会使建筑内人员在疏散过程中因为缺氧导致意识逐渐模糊，甚至丧失自主逃生的能力。此外，烟气聚集导致的能见度下降，会严重影响人员疏散的视野，降低疏散的速度。而可靠的防排烟系统，通过及时排出燃烧产生的有毒有害烟气和热量，可以为建筑内人员安全疏散争取时间。基于以上分析，这里选取防排烟系统作为指标。

5.2.3 安全疏散体系影响因素分析

根据文献资料结合调研，这里选取建筑内疏散通道类系统和疏散引导类系统进行指标的选取。

1. 疏散通道类系统

由于地下建筑大多疏散通道缺乏自然采光，加强疏散通道的采光，就能够保障疏散通道的能见度，从而有利于引导人员疏散逃生。

安全出口是指地下商业综合体通向疏散楼梯或室外安全区域的出口。地下商业综合体整体位于地下，只有保障通向地面安全出口的通畅度，才能够有效提升人员疏散的安全性。同时，必须根据地下商业综合体的使用功能和人流量进行疏散通道宽度、安全疏散距离等设计，保证火灾时人员疏散的通畅，提升人员疏散效率。

基于以上分析，这里选取通地面安全出口通畅度、地下安全通道宽度、安全疏散距离、地下疏散通道照明度四个指标。

2. 疏散引导类系统

地下建筑内主要通过疏散标志系统、应急照明系统和应急广播系统进行人员疏散的引导和疏散信息的传达，以便为人员疏散逃生提供有效指引，快速调度消防人员赶往火场，是地下商业综合体消防信息快速传递的重要载体。

首先，疏散标志系统应当依据地下商业综合体建筑的特点设计，使用准确的疏散指示标志，以便指导人员安全疏散，并且疏散指示标志应当设置在疏散通道地面上方显眼的位置。

其次，应急照明系统是在正常电源中断时，特别在建筑物发生火灾而电源中断时，用于提供应急照明的系统，可为人员疏散安全和火灾救援灭火工作提供可靠保障。

最后，应急广播系统也是地下建筑火灾时重要的引导设施，当发生火灾时，可以及时向消防管理人员准确地传递火情信息，并引导受困人员按照疏散路线快速逃生，是提高建筑内人员疏散效率的有效工具。

基于以上分析，这里选取疏散标志系统、应急照明系统和应急广播系统三个指标。

5.2.4 消防安全管理体系影响因素分析

消防安全管理体系主要是指通过日常的消防工作，降低地下商业综合体火灾发生的概率。研究表明，消防人员的专业技能和科学合理的配置，能够有效提升火灾时综合体内部的消防应对能力。

1. 日常消防安全管理情况

近年来，为应对地下商业综合体数量增长，应急管理部消防救援局提出，要在大型商业综合体内部以功能分类分区，以店铺为单位推动网格化消防管理。由于地下商业综合体内部商铺平面布置复杂，人流密集，商铺功能多样，因此，建立消防安全制度有利于地下商业综合体的整体消防管理。

通过做好日常防火巡查及检查、消防设施维修及保养、整理消防安全档案、记录用电用火情况、消防控制室值班记录、消防产品合格证明等工作，消防管理人员能够通过整合建筑消防动态信息，掌握地下商业综合体整体消防水平，及时做出对应消防调整。

2. 专职消防人员水平

应急预案是地下商业综合体为应对突发状况所准备的行动指南，应急演练能够在实际环境中验证应急预案的可行性与有效性。实际应急疏散效果能够反映在火灾发生时，消防管理人员是否有能力及时组织疏散。大量火灾案例表明，专职消防人员是处理消防工作的一线人员，具备丰富消防经验及技能水平的高素质专职消防人员，能够提升消防安全的工作质量和效率。

基于以上分析，这里选取消防安全制度及操作规程、消防安全档案、防火巡查及检查、应急预案与演练、消防设施维修及保养、消防知识及技能水平六个指标。

5.3 基于 AHP 与未确知测度的地下商业综合体火灾风险评估模型的构建

研究表明，层次分析法能够将一个复杂的问题，通过重新排序分解，组成判断矩阵求解特征向量，得出不同元素在不同层次中所占的权重值，最后求出各因素对于研究目标的权重。层次分析法适用于有多层次指标的评价指标系统，但评价指标的取值存在不易量化和数字化描述等情况。

未确知测度评价法以未确知数学为理论基础，是处理未确知信息的有效方法，其用［0，1］之间的数值定量描述风险源所处的未确知状态程度。相对于模糊评估等方法，未确知评估法可以有效提高评估结果的可靠性和精度，且计算相对简单。由于城市地下商业综合体火灾的不确定性，引入未确知理论进行城市地下商业综合体火灾风险评估具有可行性。

由于层次分析法计算的权重值主要依靠专家的主观经验，虽然熵权法可以有效降低评估结果的主观性，但由于自然条件或仪器设备原因，熵权法在数据采集时存在一定缺陷，导致评估结果也会存在误差。因此，这里采用熵权－层次分析法相结合进行指标权重确定，再利用未确知测度对商业综合体火灾风险进行综合评估，既可以尽可能降低专家人为主观因素影响，又可以使评估结果符合该建筑火灾风险的实际情况。

5.3.1 层次分析法权重确定的基本步骤

1. 构造判断矩阵

在构造判断矩阵时，将选取的因素根据表 5.2 通过两两比较进行量化，再通过计算特征向量和最大特征值，计算出该因素与其对应的上一层次某个因素的相对重要性权值。

假设评价对象有 n 个评估指标，用 $X=\{X_1, X_2, \cdots, X_n\}$ 表示。计

算对评估对象的影响，每次取两个因素 X_i 和 X_j，用 a_{ij} 表示 X_i 与 X_j 对它们相对应的目标的影响程度之比，其中 a_{ij} 的取值由 1—9 标度法决定，见表 5.2。

表 5.2　层次分析法 1—9 标度表

标度（a_{ij} 赋值）	含义
1	两个指标同样重要
3	i 指标比 j 指标略重要
5	i 指标比 j 指标明显重要
7	i 指标比 j 指标强烈重要
9	i 指标比 j 指标绝对重要
2，4，6，8	取上述两相邻指标重要程度的折中值
倒数	$a_{ji}=1/a_{ij}$

所有比较结果可以使用成对 n 阶比较矩阵 $\boldsymbol{A}=(a_{ij})_{n\times n}$ 表示，即

$$\boldsymbol{A}=\begin{bmatrix} a_{11} & a_{12} & \cdots & a_{1n} \\ a_{21} & a_{22} & \cdots & a_{2n} \\ \vdots & \vdots & & \vdots \\ a_{n1} & a_{n2} & \cdots & a_{nn} \end{bmatrix} \tag{5.1}$$

式中：a_{ij} 为指标 X_i 相对于指标 X_j 的重要性，$a_{ij}(i=1，2，\cdots，n；j=1，2，\cdots，n)$ 满足 $a_{ij}>0$，$a_{ji}=1/a_{ij}$，$a_{ii}=1$。

2. 各指标相对权重的计算

矩阵 $\boldsymbol{A}$ 为一致性矩阵，具有唯一且最大特征值 $\lambda_{\max}$。在这里采用方根法，求取特征值和特征向量的近似值，近似特征向量 $\boldsymbol{w}=(w_1，w_2，\cdots，w_n)$，步骤如下：

（1）求指标权重向量的近似值 $\boldsymbol{w}'_i$。

$$\boldsymbol{w}'_i=\left(\prod_{j=1}^{n}a_{ij}\right)^{\frac{1}{n}}\quad(i=1,2,\cdots,n) \tag{5.2}$$

（2）做归一化处理。

$$\boldsymbol{w}'_i=\frac{w'_i}{\sum_{k=1}^{n}\left(\prod_{j=1}^{n}a_{kj}\right)}\quad(i=1,2,\cdots,n) \tag{5.3}$$

（3）计算矩阵的最大特征值 $\lambda_{\max}$。

求取权向量 w_i，w_i 需满足

$$Aw_i = \lambda w_i \tag{5.4}$$

依据特征根法，计算得

$$\lambda_{\max} = \frac{1}{n}\sum_{i=1}^{n}\frac{(Aw)_i}{w_i} \tag{5.5}$$

3. 单排序结果的一致性检验

为降低主观判断的误差，需要对判断矩阵进行一致性检验，以保证评价结果的准确、有效。

（1）计算一致性指标 CI。

$$CI = \frac{\lambda_{\max} - n}{n-1} \tag{5.6}$$

（2）计算一致性比率 CR。

$$CR = \frac{CI}{RI} \tag{5.7}$$

式中：CI 为一致性指标；RI 为平均随机一致性指标。

1 ~ 10 阶判断矩阵的 RI 值见表 5.3。

表 5.3　判断矩阵随机一致性指标值

维数 n	1	2	3	4	5	6	7	8	9	10
RI 值	0.00	0.00	0.58	0.90	1.12	1.24	1.32	1.41	1.45	1.49

当矩阵维数 $n > 2$ 时，需要通过 RI 的值对其一致性进行检验：当 $CR < 0.1$ 时，一致性程度在允许的范围之内；当 $CR \geqslant 0.1$ 时，必须重新进行成对比较，以进行修正。

对于矩阵 $\boldsymbol{A}$，利用式（5.6）、式（5.7）和表 5.3 进行的检验，称为一致性检验。

4. 层次总排序及其一致性检验

计算同一层次内所有指标对上一目标层的相对重要权重的排序，并且对每一个判断矩阵进行一致性检验，最终计算组合向量的一致性检验成果是否在可接受范围内，从而得出最终的决策依据。

组合一致性检验可逐层进行。若第 p 层的一致性指标分别为 $CI_1^{(p)}$，⋯，

$CI_n^{(p)}$，随机一致性指标分别为 $RI_1^{(p)}$，…，$RI_n^{(p)}$，则定义

$$CI^{(p)} = [CI_1^{(p)}, CI_2^{(p)}, \cdots, CI_n^{(p)}] w^{(p-1)} \tag{5.8}$$

$$RI^{(p)} = [RI_1^{(p)}, RI_2^{(p)}, \cdots, RI_n^{(p)}] w^{(p-1)} \tag{5.9}$$

第 p 层对第一层的组合一致性比率为

$$CR^{(p)} = CR^{(p-1)} + \frac{CI^{(p)}}{RI^{(p)}} \quad (p=2, 3, \cdots, s) \tag{5.10}$$

最后，当最下层对最上层的组合一致性比率 $CR<0.1$ 时，认为整个层次的比较判断通过一致性检验。

5.3.2 熵权法的基本步骤

熵权法采用信息熵计算出各指标的熵权，再通过熵权对各指标的权重进行修正，可以尽可能避免因赋权人的主观意识而造成的干扰，从而得到更为客观的指标权重结果。熵权法组合计算权重的基本步骤如下。

（1）假设现有 m 个待评价项目，n 个评价指标，可形成评价矩阵 $\boldsymbol{R}$。$\boldsymbol{R}=(r_{ij})_{n\times m}$，其中，$r_{ij}$代表第 i 个评价指标下第 j 个评价对象的分值。对评价矩阵 $\boldsymbol{R}$ 进行标准化处理，求得第 i 个指标在第 j 个评价对象 r_{ij}所占的比重 P_{ij}，形成矩阵 $\boldsymbol{P}$。

$$P_{ij} = \frac{r_{ij}}{\sum_{j=1}^{m} r_{ij}} \quad (i = 1,2,3,\cdots,n; j = 1,2,3,\cdots,m) \tag{5.11}$$

（2）计算第 i 项评价指标的信息熵 e_i。

$$e_i = -k\sum_{i=1}^{m} P_{ij} \ln P_{ij} \quad (i = 1,2,3,\cdots,m;\ j = 1,2,3,\cdots,n) \tag{5.12}$$

式中：$k=\frac{1}{\ln m}\geqslant 0$，$e_j\geqslant 0$。

（3）计算第 i 项评价指标的差异系数$\propto_i$。当$\propto_i$越大时，对评价结果的重要性越大，所占的权重越大。

$$\propto_i = 1 - e_i \quad (i=1, 2, 3, \cdots, n) \tag{5.13}$$

（4）计算第 i 项指标的熵权值 u_i。

$$u_i = \frac{\propto_i}{\sum_{i=1}^{n} \propto_i} \quad (i = 1,2,3,\cdots,n) \tag{5.14}$$

（5）组合赋权权重计算方法。

假设评价指标体系中某一指标使用层次分析法得出的主观权重为 ω_1，使用熵权法得出的客观权重为 ω_2，通过组合赋权法得出的组合权重为 ω_i，则

$$\omega_i = \alpha\omega_1 + (1-\alpha)\omega_2 \tag{5.15}$$

为满足组合权重 ω_i 与层次分析法主观权重 ω_1，以及组合权重 ω_i 与熵权法客观权重 ω_2 偏差的平方和最小，建立目标函数为

$$\min\omega = \sum_{i=1}^{m}[(\omega_i-\omega_1)^2+(\omega_i-\omega_2)^2] \tag{5.16}$$

对目标函数进行求导，当目标函数一阶导为 0 时，可得二者偏差平方和的最小值。此时，求得 $\alpha=0.5$，则

$$\omega_i = 0.5\omega_1 + 0.5\omega_2 \tag{5.17}$$

5.3.3 未确知测度评估法

未确知测度评估的基本原理[55]：假设评估对象 R 有 n 个评估指标，分别用 X_1，X_2，…，X_n 表示，指标空间记为 $X=\{X_1, X_2, \cdots, X_n\}$，$X_i$ 表示第 i 个评估指标的测量值。每个评估指标 X_i 有 p 个评估等级 C_1，C_2，…，C_p，评估等级空间记为 $U=\{C_1, C_2, \cdots, C_p\}$。设第 k 级比 $k+1$ 级安全等级高，即 $C_k > C_{k+1}$，若满足 $C_1 > C_2 > \cdots > C_p$，则称 $\{C_1, C_2, \cdots, C_p\}$ 是评估空间 U 的有序分割集。

1. 单指标未确知测度

$\mu_{ik}=\mu(X_i=C_k)$ 表示评估指标 X_i 属于第 k 个评估等级 C_k 的程度，且 μ 满足式（5.18）～式（5.20）。

$$0 \leqslant \mu(X_i \in C_k) \leqslant 1 \tag{5.18}$$

$$\mu(X_i \in U) = 1 \tag{5.19}$$

$$\mu(X_i \in \bigcup_{l=1}^{k} C_l) = \sum_{l=1}^{k}\mu(X_i \in C_l) \tag{5.20}$$

式中：$i=1, 2, \cdots, n$；$k=1, 2, \cdots, p$；$l=1, 2, \cdots, k$。

式（5.18）称为“非负有界性”，式（5.19）称为“归一性”，式（5.20）称为“可加性”。

各指标的未确知测度值，需要经过该指标的实际测量值和具体的测度

函数计算得出，测度函数表达式见式（5.21）。

$$\mu_k(x)=\begin{cases}\dfrac{-x}{a_{k+1}-a_k}+\dfrac{a_{k+1}}{a_{k+1}-a_k}, & a_k<x\leqslant a_{k+1}\\ 0, & x>a_{k+1}\end{cases}$$

$$\mu_{k+1}(x)=\begin{cases}0, & x\leqslant a_k\\ \dfrac{x}{a_{k+1}-a_k}-\dfrac{a_k}{a_{k+1}-a_k}, & a_k<x\leqslant a_{k+1}\end{cases} \tag{5.21}$$

式中：x 为某单指标的实际测量值；$\mu_k(x)$、$\mu_{k+1}(x)$ 分别为该测量值属于 C_k 和 C_{k+1} 等级的测度；a_k、a_{k+1} 分别为 C_k、C_{k+1} 等级上的中间值。

各单指标测度 μ_{ik} 构成的评估矩阵 $(\boldsymbol{\mu}_{ik})_{n\times p}$ 为

$$(\boldsymbol{\mu}_{ik})_{n\times p}=\begin{bmatrix}\mu_{11} & \mu_{12} & \cdots & \mu_{1p}\\ \mu_{21} & \mu_{22} & \cdots & \mu_{2p}\\ \vdots & \vdots & & \vdots\\ \mu_{n1} & \mu_{n2} & \cdots & \mu_{np}\end{bmatrix} \tag{5.22}$$

令 $\boldsymbol{\mu}_k=\boldsymbol{\mu}(U\in C_k)$ 表示评估对象 R 属于第 k 个评估等级的程度，则有

$$\boldsymbol{\mu}_k=\sum\boldsymbol{\omega}_i\times\boldsymbol{\mu}_{ik} \tag{5.23}$$

式中：$\boldsymbol{\omega}_i$ 为评估指标 X_i 在评估指标体系中的权重。

$\boldsymbol{\mu}_{ik}$ 满足 $0\leqslant\boldsymbol{\mu}_{ik}\leqslant 1$，$\sum\boldsymbol{\mu}_k=1$ 的未确知测度条件，称式（5.23）为评估对象 R 的多指标综合测度向量。

为了给出评估对象的最终结果评估，引入置信度识别准则，用于改进最大隶属度原则判断的不足。设置信度为 λ（$\lambda\geqslant 0.5$，常取 $\lambda=0.6$ 或 0.7），若 $C_1>C_2>\cdots>C_p$，令

$$k_0=\min\{k:\sum_{l=1}^{k}\mu_l\geqslant\lambda,(k=1,2,\cdots,p)\} \tag{5.24}$$

则认为评估对象 R 属于第 k_0 个评估等级 C_{k0}。

2. 火灾风险评估等级划分

对风险等级划分明确的分值范围，是地下商业综合体火灾风险评估的重要前提。为了准确地对指标进行量化，本书通过专家咨询法将地下商业综合体火灾风险划分为五个等级，各风险等级与风险程度的对应关系为

$$\begin{bmatrix} C_1 \\ C_2 \\ C_3 \\ C_4 \\ C_5 \end{bmatrix} = \begin{bmatrix} \text{一级} \\ \text{二级} \\ \text{三级} \\ \text{四级} \\ \text{五级} \end{bmatrix} = \begin{bmatrix} \text{风险很低} \\ \text{风险较低} \\ \text{风险中等} \\ \text{风险高} \\ \text{风险很高} \end{bmatrix}$$

式中：$C_1 \sim C_5$分别为地下商业综合体火灾风险的五个等级。

本书将各火灾风险评估指标的风险状态统一规划在［0，100］的区间范围内进行量化计算，并把风险状态划分为以下五个等级。

$$\begin{cases} \text{风险等级为低风险时，} C_1 \in (80,\ 100] \\ \text{风险等级为较低风险时，} C_2 \in (60,\ 80] \\ \text{风险等级为中等风险时，} C_3 \in (40,\ 60] \\ \text{风险等级为较高风险时，} C_4 \in (20,\ 40] \\ \text{风险等级为高风险时，} C_5 \in (0,\ 20] \end{cases}$$

在对地下商业综合体火灾风险进行评估时，由于每位专家存在主观认识上的差异，导致评估过程中专家对每个指标的打分也可能存在差异。为了更准确地反映指标评分值，对各评价对象不同指标的专家打分计算平均值，作为各评价对象各指标的最终得分。计算公式为

$$R_i = \frac{1}{h} \sum_{i=1}^{h} r_i \tag{5.25}$$

式中：R_i为各指标的最终评分值；r_i为各个专家对某个指标的评分值；h 为专家的数量。

5.4 实例分析

选取 6 栋典型地下商业综合体，运用本书构建的地下商业综合体火灾风险综合评估模型进行实例分析，验证本书构建模型的可行性与有效性。本书选取的 6 栋地下商业综合体基本情况见表 5.4。

表 5.4　6 栋地下商业综合体基本情况

建筑编号	所在地区	总建筑面积（m^2）	建筑层数	耐火等级
建筑 A	北京市	39000	-3F~1F	一级
建筑 B	北京市	140000	-2F~2F	一级
建筑 C	北京市	163000	-2F~1F	一级
建筑 D	廊坊市	55000	-2F~1F	一级
建筑 E	廊坊市	250000	-3F~4F	一级
建筑 F	廊坊市	86000	-2F~1F	一级

5.4.1　基于 AHP 的指标权重计算

依据建立的地下商业综合体火灾风险评估的指标体系，首先邀请专家们根据自身的从业经验对地下商业综合体火灾风险评估指标进行权重打分，取平均分作为评估结果（打分过程略）。然后结合 AHP 指标权重计算方法，构建判断矩阵，其中构建的一级指标判断矩阵见表 5.5。

表 5.5　一级指标判断矩阵

指标	防火体系 U1	灭火体系 U2	安全疏散体系 U3	消防安全管理体系 U4	W
防火体系 U1	1	1/4	5	1/3	0.142
灭火体系 U2	4	1	7	3	0.535
安全疏散体系 U3	1/5	1/7	1	1/6	0.046
消防安全管理体系 U4	3	1/3	6	1	0.277

以一级指标的判断矩阵为例，计算过程如下。

（1）计算判断矩阵的 $\boldsymbol{w}_i'$。

如前所述，由式（5.2）可得

$$\boldsymbol{w}_i' = \left(\prod_{j=1}^{n} a_{ij}\right)^{\frac{1}{n}}$$

$$\left(1 \times \frac{1}{4} \times 5 \times \frac{1}{3}\right)^{\frac{1}{4}} = 0.803$$

$$(4 \times 1 \times 7 \times 3)^{\frac{1}{4}} = 3.027$$

$$\left(\frac{1}{5} \times \frac{1}{7} \times 1 \times \frac{1}{6}\right)^{\frac{1}{4}} = 0.263$$

$$\left(3\times\frac{1}{3}\times6\times1\right)^{\frac{1}{4}}=1.565$$

(2) 求 $\boldsymbol{w}_i$。

由式(5.3)可得

$$\boldsymbol{w}_4=(0.142,0.535,0.046,0.277)^{\mathrm{T}}$$

(3) 求 $\lambda_{\max}$。

由式(5.5)可得

$$\boldsymbol{Aw}=\begin{vmatrix}1 & 1/4 & 5 & 1/3\\ 4 & 1 & 7 & 3\\ 1/5 & 1/7 & 1 & 1/6\\ 3 & 1/3 & 6 & 1\end{vmatrix}\begin{vmatrix}0.142\\ 0.535\\ 0.046\\ 0.277\end{vmatrix}=\begin{vmatrix}0.598\\ 2.256\\ 0.197\\ 1.157\end{vmatrix}$$

$$\lambda_{\max}=\frac{1}{4}\times\left(\frac{0.598}{0.142}+\frac{2.256}{0.535}+\frac{0.197}{0.046}+\frac{1.157}{0.277}\right)=4.222$$

(4) 一致性检验。

由式(5.6)可得

$$CI=\frac{\lambda_{\max}-n}{n-1}=\frac{4.222-4}{4-1}=\frac{0.222}{3}=0.074$$

$CI=0.074$,查表5.3得 $RI=0.90$,则 $CI/RI=0.082<0.1$,满足一致性要求。因此矩阵一致性较好,接收该一级指标的权重。

同理,可得各二级指标的判断矩阵,见表5.6~表5.10。

表5.6 地下商业综合体防火体系判断矩阵

指标	X11	X12	X13	X14	X15	X16	X17	X18	X19	X110	W
X11	1	2	6	2	1/2	5	7	3	4	1/3	0.125
X12	1/2	1	5	2	1/2	3	5	2	3	1/4	0.088
X13	1/6	1/5	1	7	1/7	1/2	3	1/3	1/3	1/9	0.022
X14	2	2	7	1	1	5	9	4	4	1/3	0.165
X15	2	2	7	1	1	5	9	4	4	1/3	0.165
X16	1/5	1/3	2	5	1/5	1	3	1/3	1/3	1/8	0.029
X17	1/7	1/5	1/3	9	1/9	1/3	1	1/4	1/4	1/9	0.015
X18	1/3	1/2	3	4	1/4	3	4	1	1/2	1/5	0.056

续表

指标	X11	X12	X13	X14	X15	X16	X17	X18	X19	X110	W
X19	1/4	1/3	3	4	1/4	3	4	1/2	1	1/4	0.054
X110	3	4	9	1/3	3	8	9	5	4	1	0.281

经过计算，地下商业综合体防火体系指标 $\lambda_{max}=10.691$，$CI=0.077$，$RI=1.49$，$CR=0.051<0.1$，满足一致性检验要求。

表 5.7 地下商业综合体灭火体系判断矩阵

指标	X21	X22	X23	X24	X25	X26	X27	W
X21	1	1/5	1/2	1/4	1/3	1	1/3	0.048
X22	5	1	4	2	4	6	3	0.345
X23	2	1/4	1	1/4	1/2	2	1/3	0.070
X24	4	1/2	4	1	3	4	2	0.234
X25	3	1/4	2	1/3	1	3	1/2	0.106
X26	1	1/6	1/2	1/4	1/3	1	1/3	0.046
X27	3	1/3	3	1/2	2	3	1	0.151

经过计算，地下商业综合体灭火体系指标 $\lambda_{max}=7.198$，$CI=0.033$，$RI=1.32$，$CR=0.025<0.1$，满足一致性检验要求。

表 5.8 地下商业综合体安全疏散体系判断矩阵

指标	X31	X32	X33	X34	X35	X36	X37	W
X31	1	3	4	5	4	3	2	0.331
X32	1/3	1	2	3	2	1	1/2	0.129
X33	1/4	1/2	1	2	1	1/2	1/3	0.074
X34	1/5	1/3	1/2	1	1/2	1/3	1/4	0.046
X35	1/4	1/2	1	2	1	1/2	1/3	0.074
X36	1/3	1	2	3	2	1	1/2	0.129
X37	1/2	2	3	4	3	2	1	0.217

经过计算，地下商业综合体安全疏散体系指标 $\lambda_{max}=7.079$，$CI=0.013$，$RI=1.32$，$CR=0.01<0.1$，满足一致性检验要求。

表 5.9　地下商业综合体消防安全管理体系判断矩阵

指标	X41	X42	X43	X44	X45	X46	*W*
X41	1	1/2	2	4	1/2	1/4	0.114
X42	2	1	3	5	1	1/3	0.187
X43	1/2	1/3	1	3	1/3	1/5	0.072
X44	1/4	1/5	1/3	1	1/5	1/7	0.036
X45	2	1	3	5	1	1/2	0.200
X46	4	3	5	7	2	1	0.391

经过计算，地下商业综合体消防安全管理体系指标 $\lambda_{max}=6.123$，$CI=0.025$，$RI=1.24$，$CR=0.02<0.1$，满足一致性检验要求。

表 5.10　二级指标判断矩阵：权重及组合一致性检验

二级指标	一级指标				组合值
	防火体系 U1	灭火体系 U2	安全疏散体系 U3	消防安全管理体系 U4	
	0.142	0.535	0.046	0.277	
建筑物耐火等级 X11	0.125				0.018
装修材料燃烧性能 X12	0.088				0.013
防火间距 X13	0.022				0.003
防火分区 X14	0.165				0.023
防烟分区 X15	0.165				0.023
综合体内部平面布局合理度 X16	0.029				0.004
防火防烟分隔物 X17	0.015				0.002
消防供配电系统 X18	0.056				0.008
消防联动控制系统状况 X19	0.054				0.008
火灾自动报警系统 X110	0.281				0.04
室内消火栓 X21		0.048			0.026
消防给水系统 X22		0.345			0.185
灭火器 X23		0.070			0.037
自动喷水灭火系统 X24		0.234			0.125

续表

二级指标	一级指标				组合值
	防火体系 U1	灭火体系 U2	安全疏散体系 U3	消防安全管理体系 U4	
室外消防救援设施 X25		0.106			0.057
向下延伸便捷性 X26		0.046			0.025
防排烟系统 X27		0.151			0.081
通地面安全出口通畅度 X31			0.331		0.015
地下疏散通道照明度 X32			0.129		0.006
安全疏散距离 X33			0.074		0.003
地下安全通道宽度 X34			0.046		0.002
疏散标志系统 X35			0.074		0.003
应急照明系统 X36			0.129		0.006
应急广播系统 X37			0.217		0.01
消防安全制度及操作规程 X41				0.114	0.032
防火巡查及检查 X42				0.187	0.052
消防设施维修及保养 X43				0.072	0.02
消防安全档案 X44				0.036	0.01
应急预案与演练 X45				0.200	0.055
消防知识及技能水平 X46				0.391	0.108

经过计算，权重组合一致性检验为

$$CR^{(2)} = CR^{(1)} + \frac{CI^{(2)}}{RI^{(2)}} = 0.093 < 0.1$$

式中：1、2 分别代表一级、二级指标两个层次。

组合权重符合一致性检验要求，接受该指标体系权重计算结果。

5.4.2 未确知测度综合评估

在确定指标权重基础上，再次邀请上述 5 名专家，根据各建筑的实际情况和资料，对上述 6 栋地下商业综合体建筑的各评估指标进行评分，取平均分作为评分值（过程略）。将各评价对象的指标评分值带入图 5.2 构

建的未确知测度函数中，以建筑 A 为例，可计算得到其单指标测度评估矩阵为

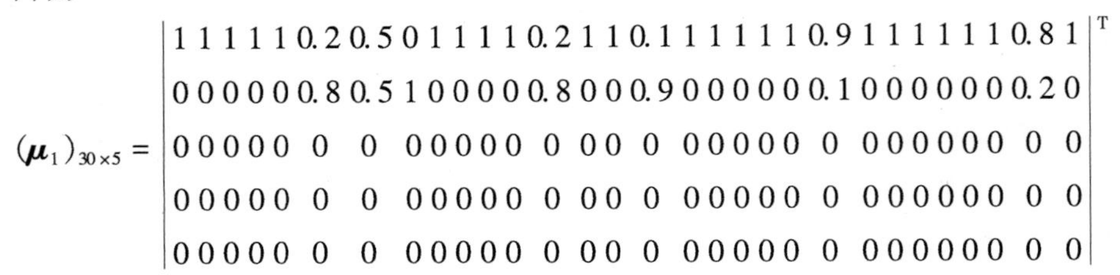

$$(\boldsymbol{\mu}_1)_{30\times 5}=\begin{vmatrix} 1&1&1&1&1&0.2&0.5&0&1&1&1&1&0.2&1&1&0.1&1&1&1&1&1&0.9&1&1&1&1&1&1&0.8&1 \\ 0&0&0&0&0&0.8&0.5&1&0&0&0&0&0.8&0&0&0.9&0&0&0&0&0&0.1&0&0&0&0&0&0&0.2&0 \\ 0&0&0&0&0&0&0&0&0&0&0&0&0&0&0&0&0&0&0&0&0&0&0&0&0&0&0&0&0&0 \\ 0&0&0&0&0&0&0&0&0&0&0&0&0&0&0&0&0&0&0&0&0&0&0&0&0&0&0&0&0&0 \\ 0&0&0&0&0&0&0&0&0&0&0&0&0&0&0&0&0&0&0&0&0&0&0&0&0&0&0&0&0&0 \end{vmatrix}^{\mathrm{T}}$$

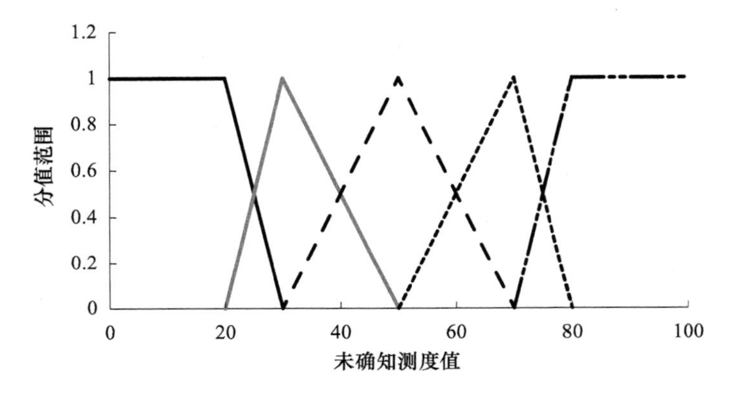

图 5.2　未确知测度函数

先利用熵权法的式（5.11）、式（5.12）、式（5.13）计算各评估指标的权重，结合表 5.10 层次分析法求得的权重，计算各评估指标的组合综合权重。建筑 A 评估指标的综合权重值见表 5.11。

表 5.11　建筑 A 评估指标的综合权重值

评估指标	EW 法客观权重	AHP 法主观权重	综合权重
建筑物耐火等级 X11	0.0354	0.018	0.0187
装修材料燃烧性能 X12	0.0354	0.013	0.0135
防火间距 X13	0.0354	0.003	0.0031
防火分区 X14	0.0354	0.023	0.0238
防烟分区 X15	0.0354	0.023	0.0238
综合体内部平面布局合理度 X16	0.0244	0.004	0.0029
防火防烟分隔物 X17	0.0202	0.002	0.0012
消防供配电系统 X18	0.0354	0.008	0.0083

续表

评估指标	EW 法客观权重	AHP 法主观权重	综合权重
消防联动控制系统状况 X19	0.0354	0.008	0.0083
火灾自动报警系统 X110	0.0354	0.04	0.0415
室内消火栓 X21	0.0354	0.026	0.027
消防给水系统 X22	0.0354	0.185	0.1919
灭火器 X23	0.0244	0.037	0.0265
自动喷水灭火系统 X24	0.0354	0.125	0.1297
室外消防救援设施 X25	0.0354	0.057	0.0591
向下延伸便捷性 X26	0.0285	0.025	0.0209
防排烟系统 X27	0.0354	0.081	0.084
通地面安全出口通畅度 X31	0.0354	0.015	0.0156
地下疏散通道照明度 X32	0.0354	0.006	0.0062
安全疏散距离 X33	0.0354	0.003	0.0031
地下安全通道宽度 X34	0.0354	0.002	0.0021
疏散标志系统 X35	0.0285	0.003	0.0025
应急照明系统 X36	0.0354	0.006	0.0062
应急广播系统 X37	0.0354	0.01	0.0104
消防安全制度及操作规程 X41	0.0354	0.032	0.0332
防火巡查及检查 X42	0.0354	0.052	0.054
消防设施维修及保养 X43	0.0354	0.02	0.0208
消防安全档案 X44	0.0354	0.01	0.0104
应急预案与演练 X45	0.0244	0.055	0.0393
消防知识及技能水平 X46	0.0354	0.108	0.112

将建筑 A 火灾风险评价指标的综合权重与其单指标测度评估矩阵相乘，得到建筑 A 的多指标综合测度评估向量为 {0.94066，0.05934，0，0，0}。当置信度取 0.7 时，其评价等级为一级，即建筑 A 发生火灾的风险很低。

同理，可求得其他 5 栋城市地下商业综合体建筑火灾风险的多指标综合测度评估向量，并确定其火灾风险等级，评估结果见表 5.12。由评估结果可以看出，建筑 A、建筑 B、建筑 C 的火灾风险等级为很低，建筑 D 的火灾风险等级为较低，建筑 E 的火灾风险等级为较高，建筑 F 的火灾风险为中等。

表 5.12　6 栋地下商业综合体火灾风险综合评估结果

样本编号	综合未确知测度					评估结果
	一	二	三	四	五	
建筑 A	0.94066	0.05934	0	0	0	风险很低
建筑 B	0.74839	0.23576	0.01585	0	0	风险很低
建筑 C	0.84895	0.15105	0	0	0	风险很低
建筑 D	0.62958	0.36261	0.00781	0	0	风险较低
建筑 E	0.00215	0.31256	0.35139	0.2867	0.0475	风险较高
建筑 F	0.29281	0.388935	0.251205	0.05855	0.0085	风险中等

通过对建筑 E 和建筑 F 的现场调查和了解，发现建筑 E 存在内部平面布局不合理、消防通道设计不合理等问题；一些商铺没有室内灭火器，或者灭火器已经过期；有多处疏散标志不清楚等；同时，该建筑消防安全管理问题也较多，如消防安全档案缺失，消防设施缺乏及时维护，消防管理人员缺乏相关专业知识及技能等。这些导致其火灾风险等级较高。而建筑 F 同样存在消防安全档案缺失，消防管理人员缺乏相关专业知识及技能等情况，导致其火灾风险等级为中等。因此，评估结果与各建筑火灾风险实际情况相符，可以用于实际地下商业综合体火灾风险评估。

同时，通过评估过程可以看出，地下商业综合体火灾风险评价一级指标权重为 {0.142，0.535，0.046，0.277}。可见，灭火体系在城市地下商业综合体一级指标中权重最大，表明其对城市地下商业综合体火灾风险的影响也最大。而对城市地下商业综合体火灾风险影响较大的其他因素的重要性依次为：消防安全管理体系、防火体系、安全疏散体系。本书研究成果可以为城市地下商业综合体的火灾防控提供一种新的思路和方法。

6

高层建筑火灾精确报警的无线复合信号系统机理

由于火灾自动报警系统在火灾发生后灾害控制中发挥了重要作用，因此得到广泛应用。其中，在新建的建筑中，火灾自动报警系统以有线型为主。但针对在用（已建成使用中）的建筑而言，布设有线火灾自动报警系统却存在诸多局限性，如第一章所述。因此，本书重点针对住宅型、教学型的在用高层民用建筑，设计开发一种基于 SVR 算法的无线烟-温复合式火灾精确报警系统。

该系统能够实时监测高层建筑环境中的温度、烟雾等变化情况，并通过软件设计，在环境异常时自动报警，提示管理人员立即进行处置。因此，该系统可以代替人工监测，实现高层建筑火灾监控的智能化和实时性。此外，系统可即时存储监测数据，以便查询和研究分析。

6.1 高层建筑火灾精确报警的无线复合信号系统的硬件设计

6.1.1 系统的总体方案

目前，国内外大多无线火灾报警系统的硬件均是基于射频电路的设计，且受到成本的高低、开发周期的长短、硬件设计的简单微型化以及低功耗等方面因素的制约。

基于此，本书设计一种兼容无线传感器网络和射频识别技术的无线烟-温复合式高层建筑火灾自动报警系统[58]。该系统综合应用 433M 有源射频识别、微波通信、计算机通信、数据通信、传感器等多项技术，能够对高层建筑内环境、位置等进行非接触式信息采集、处理，对数据进行实时监测，在数据库及软件的支持下，完成环境监测功能，并在环境异常的情况下报警。射频识别技术的识别过程不需要人工进行干预，可通过射频信号自动识别特定目标获得相关数据。其弥补了无线传感器网络只能感知周围环境而无法识别对象的缺陷，而无线传感网络的传输距离又可以解决射频识别技术有效传输距离短的局限，两者相结合构成的混合网络具有很大的优势，可应用于多种工作环境中。该系统在采集终端利用无线传感器网络和射频识别技术对环境信息进行采集和识别，并将数据发送给分站接入节点。分站接入节点通过串口或无线传输将数据送入上位机，上位机软件采用 C/S 架构相结合的技术允许任何一台连接入网的客户端通过账号查看所测点环境的实时信息，同时，上位机软件根据数据库中的数据对环境的实时信息进行识别、判决和报警。

目前，在国内外无线传输网络中已推出多种传输协议，包括 WiFi、蓝牙、ZigBee、802.15.4 等标准化协议和芯片厂商推出的专有协议。这些协议在其重点应用领域和典型资源要求方面各有侧重。其中，802.15.4 标准是面向家庭自动化、工业控制、农业及安全监控等领域的应用，ZigBee 等多种其他协议也采用 802.15.4 作为物理层和数据链路层。虽然 802.15.4 标准是开发更高级网络的基础，但是它本身存在一定的复杂性，而且它需要设计和开发较高层协议和应用，存在无线电广播通道限制等劣势。ZigBee 协议虽然在低功耗无线传输领域被广泛应用，但是从成本的角度来说，它的劣势比较明显，它所加载的特性很难在每项应用中都得到充分利用。为此，它对存储资源的要求比较大，在某些情况下，过大的存储器资源要求限制了对最终应用级的充分利用。

而作为美国德州仪器（TI）公司推出的专有协议 SimpliciTI 协议，专为简单的 RF 网络而设计，能够简化实施工作，尽可能地降低微控制器的资源占用。最新的 SimpliciTI 网络协议版能够支持客户设计开发超低功耗的应用系统，也可以达到降低系统成本的要求，同时还可以支持点对点通信。此外，它的源代码是开放性的，能够给予开发人员很大的自由，可根据自身的具体应用需求修改协议。对于使用网状路由且可以适用于标准化配置的大型网络的 ZigBee 标准而言，它是一种很好的补充。

因此，对于要求低功耗的无线火灾报警系统而言，在系统设计过程中，首先在器件选型上，需选择符合低功耗、小型化的射频芯片和 MCU。进而设计出符合要求的无线传输模块，实现无线模块间的通信，制定通信协议，组建无线网络，并同步进行上位机管理系统的开发。鉴于此，本书采用较成熟的 CC1110 芯片设计开发高层建筑火灾自动报警系统。

6.1.2 CC1110 芯片简介

CC1110 芯片是一款由美国德州仪器（TI）公司研发的低功耗的 RF（射频）SoC（片上系统），其内嵌了 433MHzRF 收发信机，增强型 8051 内核，具有 32KBFlash 和 4KBRAM。片内集成了 21 个 GPIO（通用输入/输出）、8 通道 8 ~ 14bitA/D（模/数）转换器、定时器和可编程看门狗计时器、2 个 USART（Universal Synchronous/Asynchronous Receiver/Transmitter）接口。CC1110 使用的 3 个频段为 300M ~ 348MHz、391M ~ 464MHz 及 782M ~ 928MHz，可以满足多种应用的需要。最大输出功率可以达到 10dBm，最大传输码率可以达到 500KB。CC1110 具有直接内存存取（DMA）功能和 AES-128 加密安全协处理器等强大功能，并能够支持 2-FSK、GFSK 和 MSK 等多种调制方式。在射频性能上，其具有较高的灵敏度，通信速率为 1200b/s 时可以达到 -110dBm。此外，它还可以支持数字链路质量指示（RSSI）和接收信号强弱指示（LQI）等功能[59]。

CC1110 采用了针对小型 RF 网络的 SimpliciTI 协议。该协议灵活性大，成本低，开发周期短，并对硬件要求低，在实际低功耗 RF 网络应用中优势明显。

因此，CC1110 具有高集成度与低功耗特性，信号的穿透性强，通信可靠，可以在四种功耗模式中进行转换，且模式转换的过渡时间非常快，是目前建筑无线通信节点设计的理想选择。

采用 CC1110 芯片设计射频电路的过程简单，仅需极少数外围元件即可搭建功耗低且稳定可靠的片上系统（SoC）。图 6.1 为 CC1110 射频模块电路，其由 CC1110 芯片及外围电路构成。

6.1.3 系统的硬件设计

基于 CC1110 芯片构建的无线烟-温复合式高层建筑火灾精确报警系统

原理如图 6.2 所示。

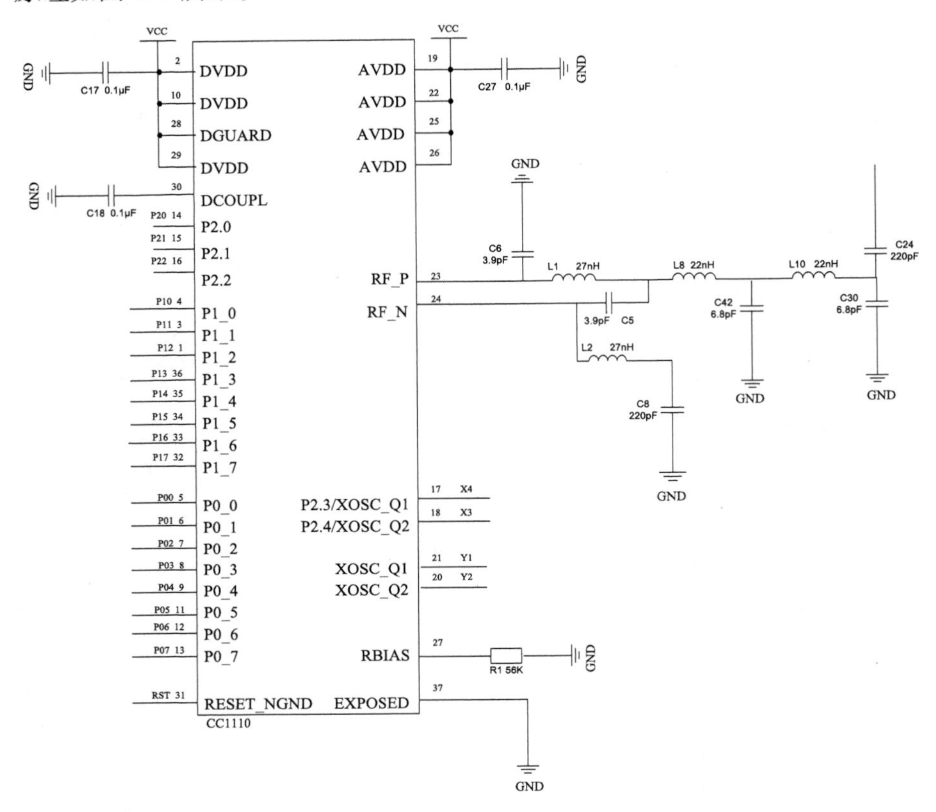

图 6.1 CC1110 射频模块电路

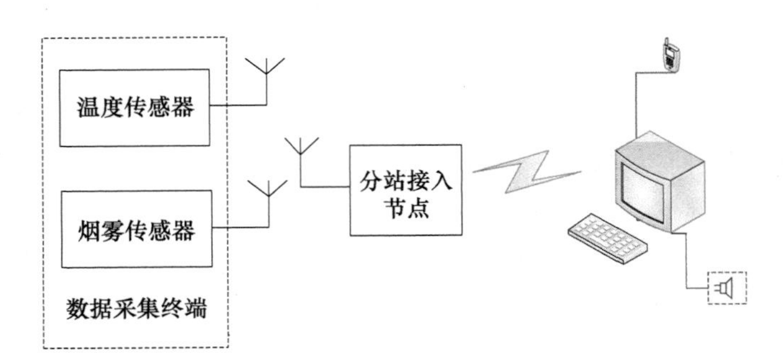

图 6.2 无线烟-温复合式高层建筑火灾精确报警系统原理

该系统采用了模块化设计，主要硬件包括数据采集终端和分站接入节点两部分。硬件主要负责完成火灾数据的采集、处理和无线信号的收发，系统采用星型拓扑结构。这种拓扑结构易于实现，方便节点扩展及移动，便于维护，传输速率高，且以广播形式进行信息传输，非常适合高层建筑无线火灾报警系统这种要求快速实时的无线传输系统。

1. 数据采集终端

数据采集终端包括无线通信模块及其他外围电路、电源模块、传感器模块、晶振模块。传感器将收集的信息首先经过 CC1110 的模数转换变成数字信号，再发送给数据传输节点。

研究表明，传统单一温感探测器存在灵敏度偏低的缺陷，对于大多数火灾，到了能探测到明显温升时，火势往往已经蔓延开了，而传统单一烟感探测器则存在烟谱范围较窄的不足。如果将二者结合起来进行火灾处理判断，由于烟感信号和温感信号具有良好的互补性，就可以克服二者的不足，且相对于其他火灾信号复合形式，其结构简单、易于判断。因此，本书选用烟雾、温度两种传感器来设计该报警系统的数据采集终端。

1）温度探测传感器

系统温度传感器采用的是 SHT10 温湿度传感器。该传感器采用温湿一体传感结构，由相对湿度传感器、温度传感器、校准存储器、14 位 A/D 传感器、信号放大器和 I2C 总线接口构成。其具有体积微小，功耗低，可靠性与稳定性高的特点。温度传感器数据采集终端电路设计框图如图 6.3 所示。

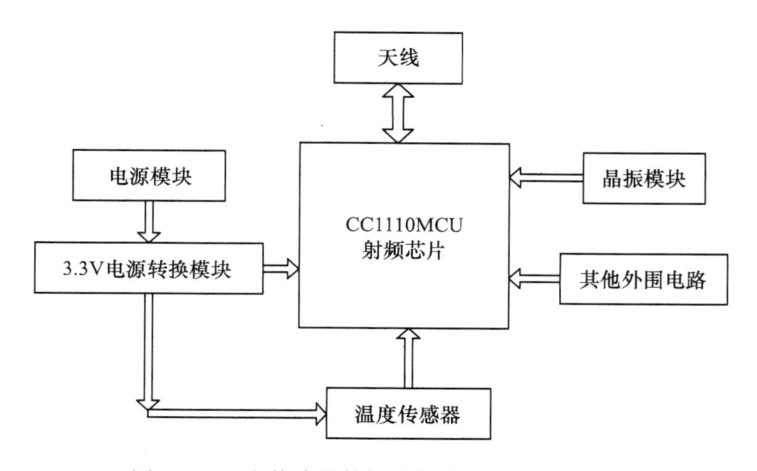

图 6.3　温度传感器数据采集终端电路设计框图

在标定的使用环境中，SHT10 传感器的温度测量范围为 −40 ~ +123.8℃，温度测量精度为 ±0.5℃，响应时间为 8s（tau63%），温度测量分辨率为 0.01℃。虽然在通常情况下，SHT10 传感器的测量精度分别可以达到温度 14bit、湿度 12bit，但也可以通过对传感器的 8 位状态寄存器的最低位的修改，将其设为“1”，使得测量精度分别降至 12bit 和 8bit。通常，在高传输速率或超低功耗的应用中，采用低精度。

温度传感器的标准供电电压为 3.3 ~5.5V。该系统需要采用与 CC1110 相同的 3.3V 供电，但由于该系统中电源模块为 5V 供电，需要先通过稳压芯片将电压值转换为 3.3V，为传感器和 CC1110 提供稳定电源。电压转换模块电路如图 6.4 所示。

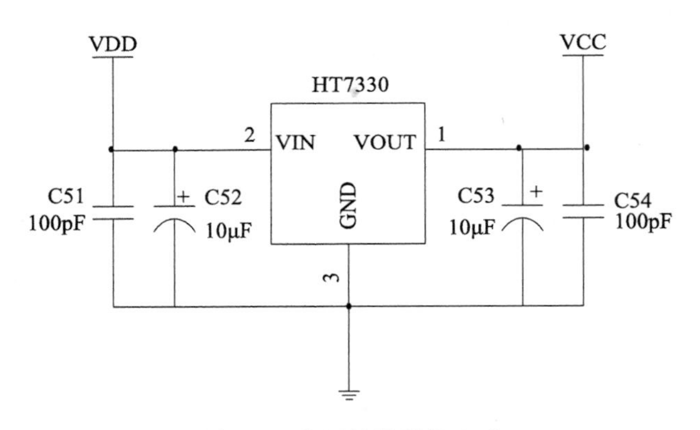

图 6.4　电压转换模块电路

温度传感器串行时钟输入接口 SCK 是用来同步 CC1110 模块和 SHT10 之间通信的同步时钟，而串行数据“DATA”引脚用于 CC1110 和 SHT10 之间的数据传输，它仅在 SCK 信号的上升沿有效，而在 SCK 信号的下降沿滞后发生跳变。在数据传输的过程中，当 SCK 信号保持在高电平时，DATA 信号必须保持稳定状态。同时，CC1110 应该驱动 DATA，使其处于低电平状态，以避免数据发生冲突，而传感器外部接一个上拉电阻将信号拉至高电平。温度传感器终端主控板电路和接口电路如图 6.5 所示。

2）烟雾探测传感器

由于烟雾探测与气体探测的原理和结构相同，该系统采用的是将 MQ2 气体传感器进行适当改进，替代烟雾传感器。MQ2 气体传感器使用的气敏材料是二氧化锡（SnO_2），它的最大特点就是在清洁空气中电导率较低。因此，当传感器所在的环境中存在异常气体时，二氧化锡的电导率会随其浓度的增加而增大，只需使用较为简单的电路，就可以将电导率的变化转换为与气体浓度相对应的输出信号。MQ2 气体传感器在较宽的浓度范围内对异常气体有良好的灵敏度，寿命长且成本低。

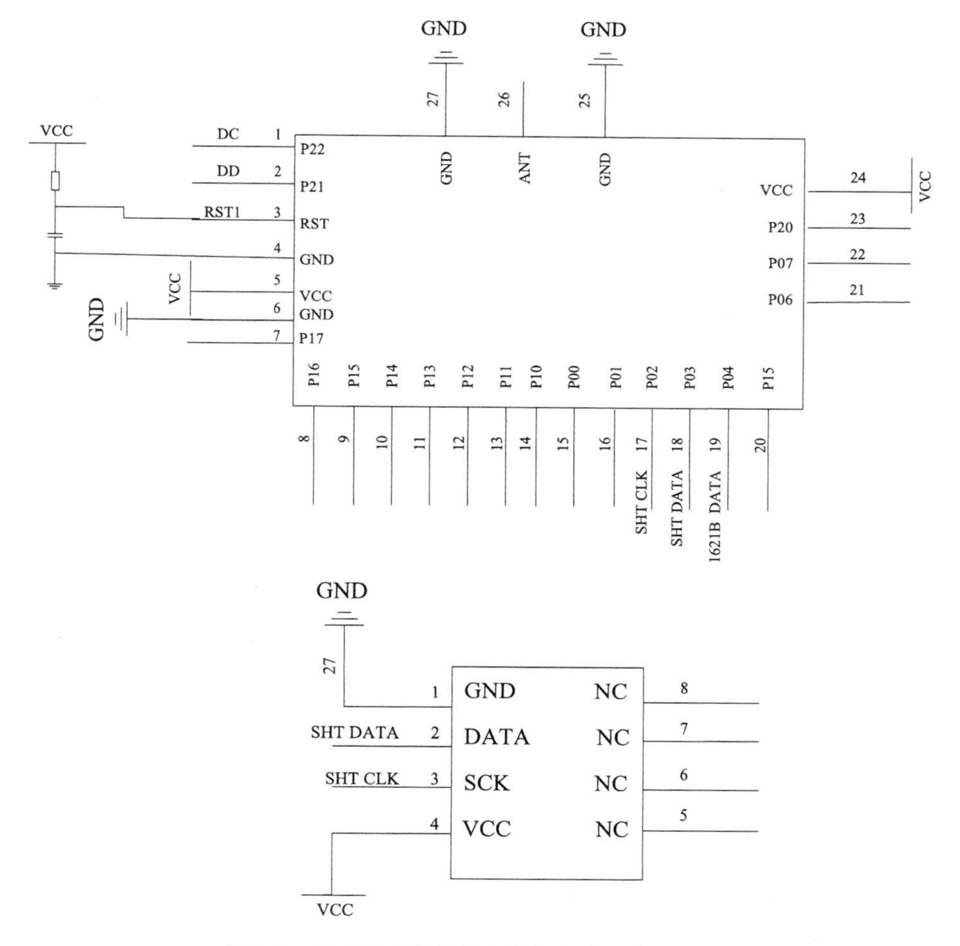

图 6.5　温度传感器终端主控板电路和接口电路

烟雾传感器的加热电压为 5V，因此采用 5V 电源模块对 MQ2 供电。烟雾传感器 MQ2 将数据送到 CC1110 中进行转换后，通过天线发送出去。烟雾传感器终端电路框图如图 6.6 所示。

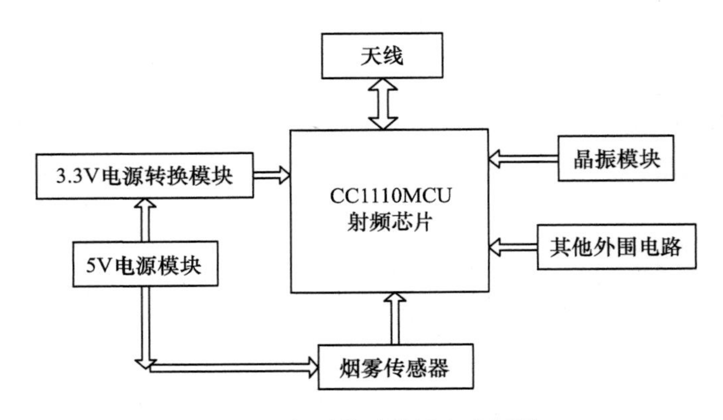

图 6. 6　烟雾传感终端电路框图

烟雾传感器电路如图 6. 7 所示。

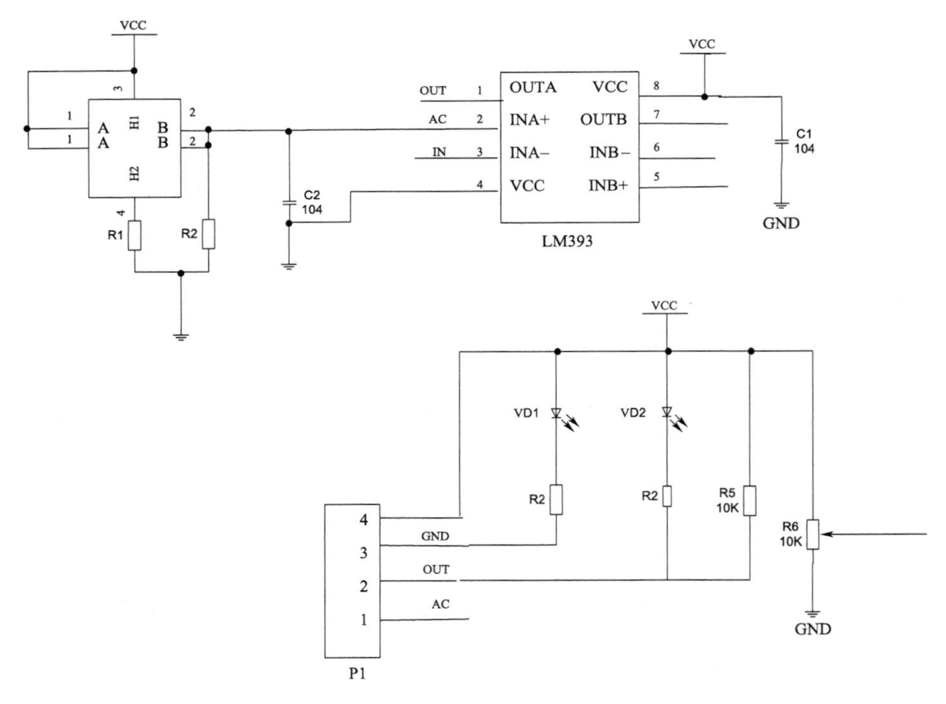

图 6. 7　烟雾传感器电路

2. 分站接入节点

分站接入节点由 RS232 串口模块、无线通信模块及其他外围电路、电源模块组成。RS232 串口模块为半双工工作方式，可以发送和接收数据，工作电压为 5V，工作电流小于 10mA，串口工作波特率为 38400B，接口数据格式为 8 位数据位，无校验位和 1 位停止位。电源模块使用 5V 电源模块，同时利用直流转换模块，将 5V 电压转换为 3.3V 电压，向 CC1110 提供稳定电压进行通信。接入节点利用 RFID 识别，将无线接收到的各个传感器终端发来的数据，通过 RS232 串口发送到软件服务器进行处理。分站接入节点结构框图如图 6.8 所示。

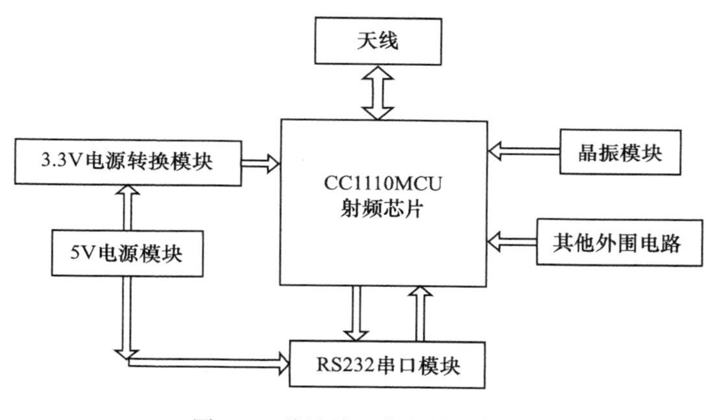

图 6.8　分站接入节点结构框图

6.2　高层建筑火灾精确报警的无线复合信号系统的软件设计

6.2.1　系统的工作流程

该系统软件设计是在开发环境 VS2012 下完成的，它的主要任务是能够实现识别高层建筑火情的可编程控制，对高层建筑的火警进行实时监控和报警。设计采用模块化编程，通信协议为自定义。软件设计包括初始化模块、传感器模块、无线通信模块三部分。软件的主流程包括以下两部分。

（1）系统硬件初始化后，启动分站接入节点，进行网络初始化，扫描信道并完成建网和组网的工作。数据采集终端启动后也要进行寻网，并通过信道扫描且固定 IP 完成入网等工作。

（2）分站接入节点接收到上位机的命令后，以广播方式向各节点发出数据请求，各子节点启动传感器并开始采集数据，同时进行信号类型判别。传感器采集到的温度信号为数字信号，而烟雾信号为模拟信号，需经过 A/D 转换，将其变为数字信号。这两种信号经过信号处理后，通过无线模块发送至分站接入节点。而分站接入节点再通过 RS232 串口将数据传输到上位机，上位机根据数据库的数据对采集的数据进行存储、识别和判决和报警。

系统软件流程图如图 6.9 所示。

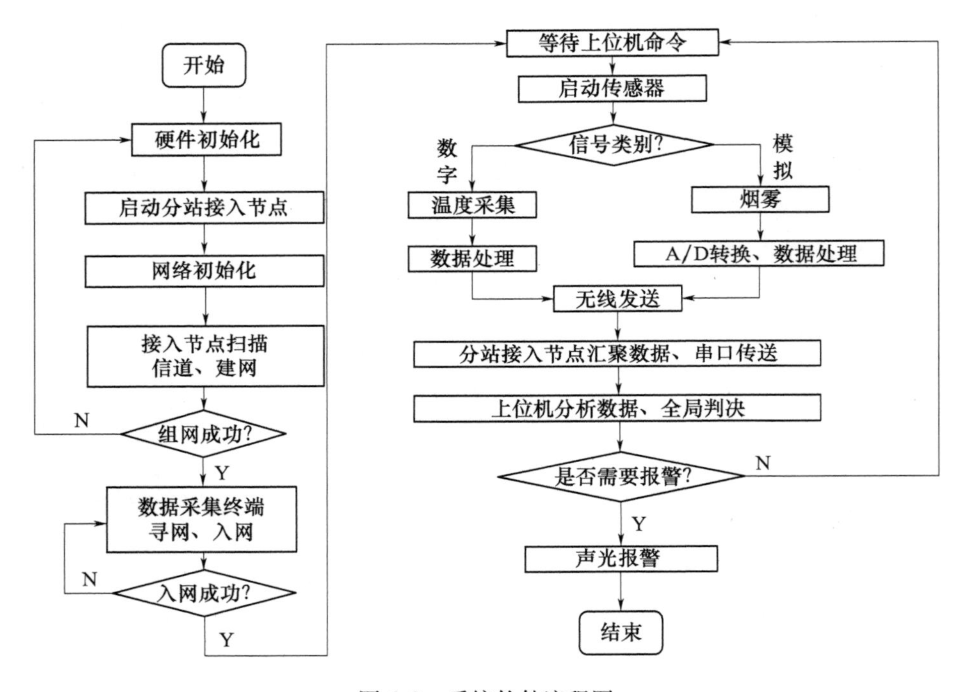

图 6.9　系统软件流程图

数据采集终端部分首先通过对 CC1110 芯片的寄存器进行配置来设置模块的射频工作频率、发送功率以及通信信道。当模块初始化完成之后，进入检测分站接入节点是否有信号发出。若检测到信号，采集终端就开始接收分站接入节点发送的同步信号。收到同步信号后，产生一个与自己 ID 相关的延时，即该数据采集终端所对应的发送时间段到来后，将数据发送出去。如果在定时的时间段内未能收到同步信号，则认定所对应的分站接入节点没有工作，数据采集终端重新检测分站接入节点是否有信号发出。数据采集终端软件流程图如图 6.10 所示。

在分站接入节点部分，当接收数据时，在对 CC1110 进行初始化后，发送一次同步信号后就进入数据接收状态，并将数据通过信道发送至 PC 机，判断接收定时时间是否结束。若未结束，则继续接收数据；若接收定时时间到后，则模块再发送一次同步信号。如此循环，分站接入节点就将其接收到的数据通过串口传送到软件服务器。此时可通过 PC 机的测试界面看到输出结果。分站接入节点软件流程图如图 6.11 所示。

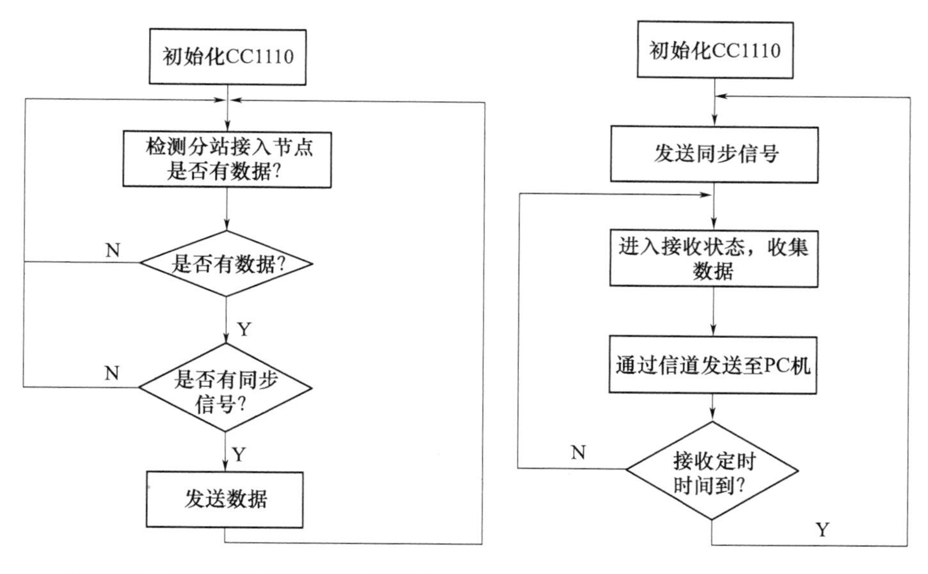

图 6.10　数据采集终端软件流程图　　图 6.11　分站接入节点流程图

6.2.2　系统的信号处理

在实际应用中，该系统的传感器的射频必须在低功耗的条件下工作，通信频带带宽受限，信道容易受到干扰。而传感器网络节点的失效退出或加入，都会导致传输链路的不稳定，传感器网络信息的传输会受到多种干扰的影响，以致信息位差错。为了解决这一问题，该系统的节点引入信息传输差错控制技术，以确保数据传输的可靠性。

差错控制技术，也称为信道编码技术。它的基本思路是给用户发送的信息加入监督信息，使得监督信息和用户信息之间构成某一种运算关系，并在接收端检验这种监督关系是否受到破坏，从而判断传输的信息是否正确。常用的差错控制方式包括前向纠错、自动检错重发和混合纠错三种，它们从本质上都是通过增加冗余来获得系统的可靠性。三种差错控制方式通常采用分组码和卷积码两类信道编码。

虽然该系统传输的帧结构中加入了循环冗余校验（*CRC*），但它只能实现差错的识别，并不能完成纠错。研究表明，在数据传输量大或传输距离远的情况下，每次传输数据中信息差错的可能性非常高。对于无线火灾自动报警系统这种实时性要求高、传输数据量大的系统来说，无法采用检错重传的方法。

因此，该系统 CC1110 模块前向纠错方案采用卷积码结合交织技术，以减少在灵敏度极限操作时所产生的总的比特误差率（*BER*），即在较低的 *SNR*（信噪比）时也可以有正确的接收，从而使得系统的传输范围扩大。

研究发现，当 SNR 给定时，数据包误差率（*PER*）与 *BER* 存在以下关系。

$$PER = 1 - (1 - BER)^{\text{packet\_ length}} \tag{6.1}$$

可见，系统在较低的误比特率可以传输较长的数据包，或者说当数据包的长度给定时，可以有更高的数据包传输成功率。同时，前向纠错技术和编码数据的交织相结合，可以改正接收过程中出现的突发错误。

CC1110 的卷积编码器是一个约束长度 $m=4$ 的 1/2 比率编码，产生 2 个输出比特。CC1110 使用矩阵交织为 4×4 矩阵。在发送器中，传输比特被写入交织矩阵的行中，然后顺序在交织矩阵的列中读取，且满足卷积码 1/2 编码效率。而在接收端，接收比特写入解交织矩阵的列，流经解码器后，从解交织矩阵的行中被读取。但在系统中采用的这种交织技术属于固定的周期性排列，它不能避免在特殊情况下随机差错不断变成突发差错的可能性。因此，该模块在交织前加入了数据白化的过程，通过伪随机序列和数据进行异或，可以基本消除这种意外的突发差错的产生。同时，信道编码产生的冗余，可以通过无线传输的物理层中的引导码进行消除，从而保证了系统数据传输的有效性。

研究表明，系统在采用码率为1/2的卷积码和交织技术相结合，并进行数据白化的情况下，在低信噪比时，信道的随机错误已经超过系统的纠错能力，所以并不能对系统的传输可靠性有所提高。但随着信号的功率增大，信噪比达到10^2时，卷积码和交织技术结合的误码率比未加入编码的情况下能够降低31.62%左右。

6.2.3 基于SVR的火灾报警算法

在采用信道编码技术保证系统数据传输可靠性的同时，针对传统火灾报警算法在较复杂环境（如蒸汽、粉尘等）中，多种传感器复合的火灾信息（如烟-温复合火灾探测）处理时容易产生误报（误判）、漏报的问题。本书引入支持向量回归机（Support Vector Regression，SVR）智能火灾报警算法，进行火灾报警系统中报警算法（即信息处理算法）的改进。

1. 现有火灾报警算法概述

1）阈值法

阈值判断法是最早出现的火灾报警算法，其主要包括固定门限法和变化率法两种，是直接对火灾信号幅值进行判断处理的方法。

（1）固定门限法。固定门限检测法可用式（6.2）表示。

$$y(t)=T[x(t)],D[y(t)]=\begin{cases}1, & y(t)>s\\ 0, & y(t)\leqslant s\end{cases} \tag{6.2}$$

式中：1表示火灾；0表示非火灾；s为设定的门限值。

（2）变化率法。变化率法可用式（6.3）表示。

$$\frac{d_x(t)}{d_t}=y(t),D[y(t)]=\begin{cases}1, & y(t)>s\\ 0, & y(t)\leqslant s\end{cases} \tag{6.3}$$

2）系统法

系统法是用数学表达式描述信号处理的方法，主要包括趋势算法、斜率算法和持续时间算法三种。

（1）趋势算法。以Kendall-z趋势算法为例，其递归算式为

$$y(n)=\sum_{i=0}^{N-1}\sum_{j=i}^{N-1}u[x(n-i)-x(n-j)] \tag{6.4}$$

式中：n 为离散时间变量；N 为用于观测数据的窗长；$u(\cdot)$ 为单位阶跃函数。

由式（6.4）计算各点的趋势，代入式（6.5）。

$$\tau(n)=\frac{\text{实际值}}{\text{最大值}}=\frac{y(n)}{N(N+2)/2} \tag{6.5}$$

当计算值超过阈值时，系统就会报警。

（2）斜率算法。斜率算法是针对阶跃型的信号（如离子感烟信号）提出的一种算法，其定义相对差值函数为

$$d(n)=\frac{RW-x(n)}{RW} \tag{6.6}$$

式中：$x(n)$ 为输入信号；RW 为稳定值。

引入累加函数

$$a(n)=\begin{cases}[a(n-1)]\cdot u[d(n-1)-s_g]s_g>0\\ [a(n-1)+1]\cdot u[s_g-d(n-1)]s_g<0\end{cases} \tag{6.7}$$

式中：$u(\cdot)$ 为阶跃函数；s_g 为门限；$d(n)$ 为差值函数。

（3）持续时间算法。持续时间算法是根据火灾信号的持续性特点进行火灾探测的一种方法。假设一个 FIRE 滤波器的输入 $y(n)$ 可以表示为

$$y(n)=\sum_{i=0}^{N-1}h(i)x(n-i) \tag{6.8}$$

在式（6.8）中引入门限和单位阶跃函数，则可以得到

$$y(n)=C\sum_{i=0}^{N-1}w(n,i)[x(n-i)-s_t]u[x(n-i)-s_t] \tag{6.9}$$

式中：$w(n,i)$ 为权函数；C 为常数；s_t 为门限。

但研究发现，采用阈值判断和趋势检测等算法对单一探测器输出信号进行处理效果较好，若将同样的方法应用于多种信号融合的信息处理系统，则会出现误报或漏报等现象。

3）智能算法

随着计算机技术的发展及模拟火灾探测技术的应用，智能火灾报警算法被引入到当前火灾信息处理研究中，并逐渐成为一种趋势。这其中比较有代表性的有模糊逻辑法、人工神经网络法及模糊人工神经网络法等。

（1）模糊逻辑法。模糊逻辑算法以模糊逻辑为基础，是以模糊推理进行信息处理的一种方法。但模糊逻辑法不具备自适应能力，无法根据环境变化自动调整判断参数。

（2）人工神经网络法。人工神经网络（ANN）是基于模仿人类大脑的结构和功能而构成的一种信息处理系统。如前所述，典型的 BP 神经网络为三层，即输入层、隐含层和输出层，各层之间实现全连接，如图 6.12 所示。

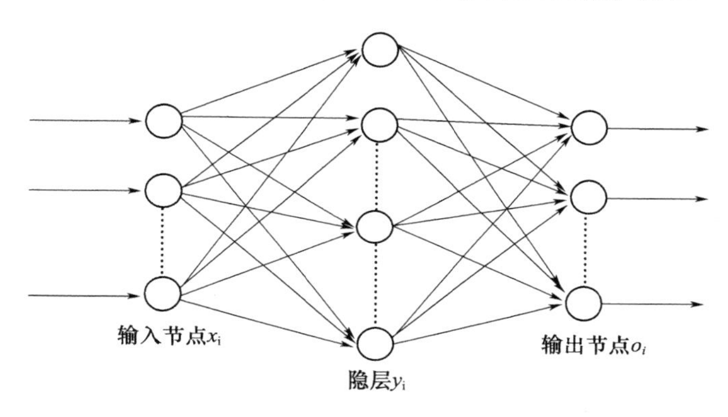

图 6.12　神经网络报警模型

人工神经网络具有较强的非线性、大规模并行处理能力，在模式识别、知识处理、环境工程等方面有着广泛的应用。但人工神经网络存在收敛速度慢、易陷入局部最优、当样本属性过多时会导致“维数灾难”等缺陷。特别是在小样本情况下，采用神经网络进行报警，通常网络得不到充分的训练，使得网络性能不稳定，实际报警效果并不理想。

（3）模糊神经网络法。模糊神经网络法是将模糊理论引入神经网络的火灾报警算法，如图 6.13 所示。

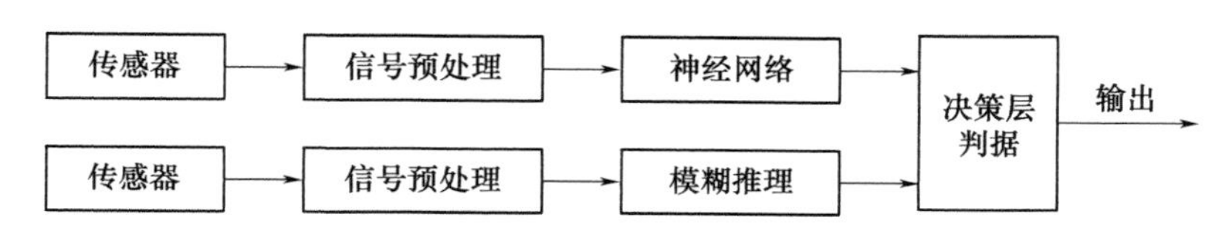

图 6.13　模糊神经网络火灾报警算法

但由于模糊神经网络主要是以原神经网络为基础发展而来的，其局限性突出体现在网络结构复杂，程序实现困难，网络的收敛性差，缺乏通用的开发平台等。

基于以上分析，针对传统火灾报警算法在火灾报警中存在的局限性，本书引入支持向量机技术。支持向量机（Support Vector Machine，SVM）算法是由柯尔特斯（Cortes）和万普尼克（Vapnik）提出的数据挖掘中的一项新技术[60]。其最大的优点在于，可以克服“维数灾难”和“过学习”等传统算法的缺陷，在解决非线性、小样本及高维复杂问题中性能优越，目前在国内外被广泛应用于各个领域。

由于本书建立的高层建筑新型火灾自动报警系统采用烟-温复合火灾信号，系统需要对环境中烟雾、温度两种火灾探测信息进行综合处理，准确判决并及时报警。而传统火灾报警算法的上述局限性，会导致系统反应迟缓、误报率高，影响到整个火灾自动报警系统的可靠性。因此，这里进一步构建基于支持向量回归机（SVR）的高层建筑火灾报警算法模型，保证所建立的火灾自动报警系统报警的及时性和准确性，并进行实证分析。

2. SVR 算法简介

SVM 是一种基于统计学习理论，以结构风险最小化为原则的机器学习算法。SVM 的基本思想是：如果样本线性可分，则在原空间中寻找最优分类超平面；而如果样本线性不可分，则引入松弛变量，采用非线性映射将样本映射到高维的空间，使其变为线性可分。SVM 最优分类平面的基本思想可用图 6. 14 表示。

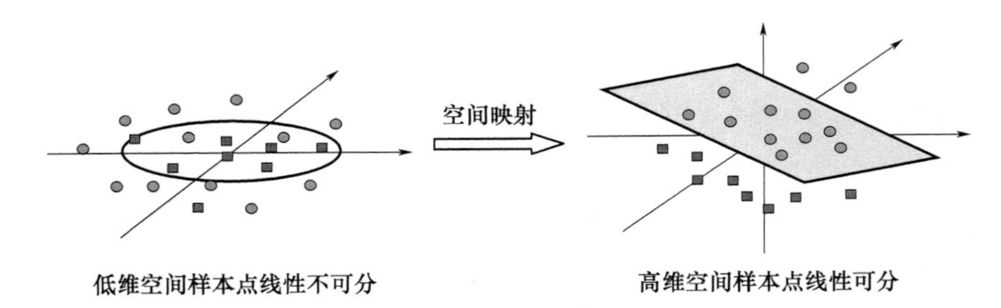

图 6. 14　SVM 最优分类平面的基本思想

最优分类面就是指使分类间隔最大的分类面。SVM 最优分类面的基本原理是：假设$(x_i,\ y_i)$，$i=1,\ \cdots,\ n$ 为线性可分样本，$x\in R^d$，$y\in\{+1,\ -1\}$ 是

类别符号，线性判别函数的一般形式为 $g(x)=w\cdot x+b$，分类面方程为 $w\cdot x+b=0$。对判别函数进行归一化，使 $|g(x)|=1$，即使离分类面最近的样本的 $|g(x)|=1$。此时，分类间隔为 $2/\|w\|$，因此使分类间隔 $2/\|w\|$ 最大等价于使 $\|w\|$ 或 $\|w\|^2$ 最小。令

$$y_i[(w\cdot x)+b]-1\geqslant 0,\quad i=1,2,\cdots,n \tag{6.10}$$

满足式（6.10），且使 $\|w\|^2$ 最小的分类面称为最优分类面。离分类面最近的点且平行于最优分类面的超平面上的样本点称为支持向量。二维空间中最优分类超平面可以表示为图 6.15。

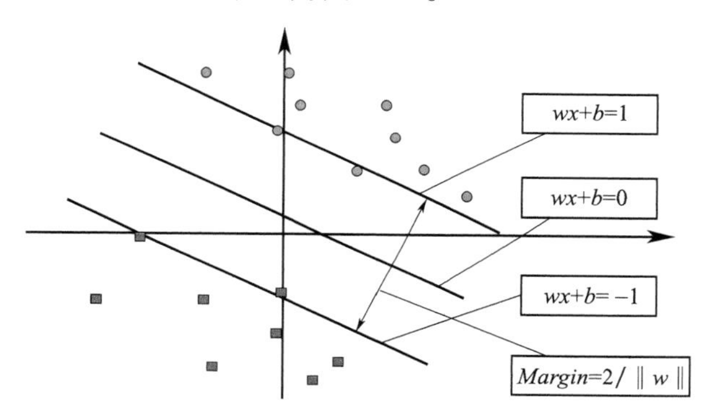

图 6.15　二维空间中最优分类超平面

支持向量回归机（SVR）是支持向量机在回归预测领域中的应用[61-62]。支持向量回归机基本原理如图 6.16 所示。

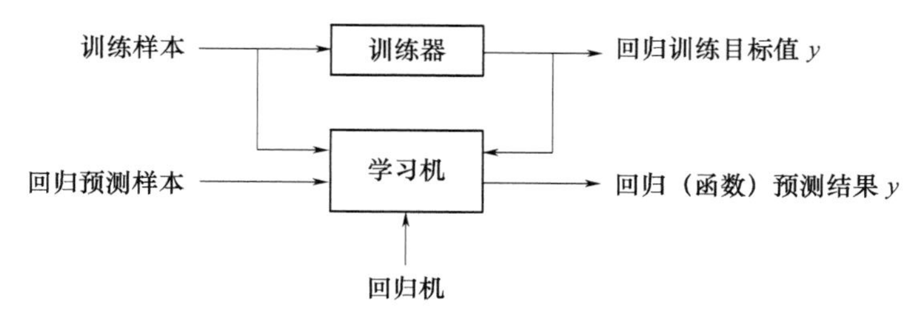

图 6.16　支持向量回归机基本原理

SVR 建模的原理：SVR 的建模思路与 SVM 分类相似，只需引入损失函数理论。损失函数是模型对学习误差的一种度量。标准 SVR 通常采用不敏感损失函数 ε，见式（6.11）。

$$L_g(f(x),y)=\begin{cases}0, & |f(x)-y|<\varepsilon \\ |f(x)-y|-\varepsilon, & 其他\end{cases} \tag{6.11}$$

式中：ε 为不敏感损失函数，用于控制拟合精度。

1）线性问题回归分析

对于线性问题，SVM 采用线性回归函数 $f(x)=\omega \cdot x+b$ 拟合样本 (x_i, y_i)，$i=1, 2, \cdots, n$，$x_i \in R^n$ 为输入量，$y_i \in R$ 为输出量，ω 和 b 为待定参数。假设所有训练数据的拟合误差精度为 ε，即

$$\begin{cases}y_i-\omega \cdot x_i-b \leqslant \varepsilon \\ \omega \cdot x_i+b-y_i \leqslant \varepsilon\end{cases} \quad (i=1, \cdots, n) \tag{6.12}$$

根据结构风险最小化准则，$f(x)$ 应使$\frac{1}{2}\|\omega\|^2$ 最小。若考虑拟合误差的情况，则可引入松弛因子 ξ_i、ξ_i^*。ξ、ξ_i^* 不小于 0，若误差不存在，则取 ξ_i、ξ_i^* 为 0。由此，式（6.12）可变为

$$\begin{cases}y_i-f(x_i) \leqslant \varepsilon+\xi_i \\ f(x_i)-y_i \leqslant \varepsilon+\xi_i^* \\ \xi_i, \xi_i^* \geqslant 0\end{cases} \quad (i=1,2,\cdots,n) \tag{6.13}$$

此时，该问题转化为求解式 6.14 中目标函数的最小化问题。

$$R(\omega,\xi,\xi^*)=\frac{1}{2}\omega \cdot \omega+C\sum_{i=1}^{n}(\xi_i+\xi_i^*) \tag{6.14}$$

式中：第一部分的作用主要是为了提高函数的泛化能力；第二部分称为惩罚项，主要作用是使曲线尽可能逼近样本点，减小误差；C 为惩罚系数，且 $C>0$，表示对误差大于 ε 样本的惩罚程度。

标准 ε 不敏感，SVR 可以表示为

$$\min\left\{\frac{1}{2}\omega \cdot \omega+C\sum_{i=1}^{n}(\xi_i+\xi_i^*)\right\} \tag{6.15}$$

$$\text{s.t.}\begin{cases}y_i-\omega \cdot x_i-b \leqslant \varepsilon+\xi_i \\ \omega \cdot x_i+b-y_i \leqslant \varepsilon+\xi_i^* \\ \xi_i, \xi_i^* \geqslant 0\end{cases} \quad (i=1, 2, \cdots, n)$$

求解式（6.15）可以看出，这是一个凸二次优化问题，采用同样的优化方法可以得到其对偶问题，即二次规划问题。所以引入拉格朗日

（Lagrange）函数，建立拉格朗日方程，即

$$L = \frac{1}{2}\omega \cdot \omega + C\sum_{i=1}^{n}(\xi_i + \xi_i^*) - \sum_{i=1}^{n}\alpha_i[\xi_i + \varepsilon - y_i + \omega \cdot x_i + b] - \sum_{i=1}^{n}\alpha_i^*[\xi_i^* + \varepsilon + y_i - \omega \cdot x_i - b] - \sum_{i=1}^{n}(\xi_i\gamma_i + \xi_i^*\gamma_i^*) \tag{6.16}$$

式中：α、$\alpha_i^* \geqslant 0$，γ_i、$\gamma_i^* \geqslant 0$，且均为拉格朗日乘子，$i=1, 2, \cdots, n$。

求函数 L 对 ω、b、ξ_i、ξ_i^* 的最小化（即 L 对 ω、b、ξ_i、ξ_i^* 的偏导都应等于零），即对 α_i、α_i^*、γ_i、γ_i^* 的最大化，即

$$\begin{cases} \dfrac{\partial L}{\partial \omega} = \omega - \sum_{i=1}^{n}(\alpha_i - \alpha_i^*)x_i = 0 \\ \dfrac{\partial L}{\partial b} = \sum_{i=1}^{n}(\alpha_i - \alpha_i^*) = 0 \\ \dfrac{\partial L}{\partial \xi_i} = C - \alpha_i - \eta_i = 0 \\ \dfrac{\partial L}{\partial \xi_i^*} = C - \alpha_i^* - \eta_i^* = 0 \end{cases} \tag{6.17}$$

代入式（6.15），得到其对偶优化问题。

$$\min\left\{\frac{1}{2}\sum_{i=1,j=1}^{n}(\alpha_i - \alpha_i^*)(\alpha_j - \alpha_j^*)(x_i \cdot x_j) + \sum_{i=1}^{n}(\alpha_i - \alpha_i^*)y_i - \sum_{i=1}^{n}(\alpha_i + \alpha_i^*)\varepsilon\right\} \tag{6.18}$$

$$\text{s. t.}\begin{cases} \sum_{i=1}^{n}(\alpha_i - \alpha_i^*) = 0 \\ 0 \leqslant \alpha_i, \alpha_i^* \leqslant C \end{cases}$$

同时由式（6.17）可得

$$\omega = \sum_{i=1}^{n}(\alpha_i - \alpha_i^*)x_i \tag{6.19}$$

将式（6.18）写成矩阵形式。

$$\min\left\{\frac{1}{2}[\boldsymbol{\alpha}^{\mathrm{T}}, (\boldsymbol{\alpha}^*)^{\mathrm{T}}]\begin{bmatrix} Q & -Q \\ -Q & Q \end{bmatrix}\right\}\begin{bmatrix} \alpha \\ \alpha^* \end{bmatrix} + [\boldsymbol{\varepsilon e}^{\mathrm{T}} + \boldsymbol{y}^{\mathrm{T}}, \boldsymbol{\varepsilon e}^{\mathrm{T}} - \boldsymbol{y}^{\mathrm{T}}]\begin{bmatrix} \alpha \\ \alpha^* \end{bmatrix} \tag{6.20}$$

$$\text{s.t.}\begin{cases}[\boldsymbol{e}^{\mathrm{T}},\ -\boldsymbol{e}^{\mathrm{T}}]\begin{bmatrix}\alpha\\ \alpha^*\end{bmatrix}=0\\ 0\leqslant\alpha,\ \alpha^*\leqslant C\end{cases}$$

式中：$Q_{i,j}=(x_i,\ x_j)$；$\boldsymbol{e}=[1,\ \cdots,\ 1]$；$\alpha_i^*$ 为拉格朗日乘子。

求解式（6.18）二次规划问题，由库恩-塔克尔（Kuhn-Tucker）定理，在最优解（即鞍点）处有

$$\begin{cases}\alpha_i(\varepsilon+\xi_i-y_i+\omega\cdot x+b)=0\\ \alpha_i^*(\varepsilon+\xi_i^*+y_i-\omega\cdot x-b)=0\end{cases}\tag{6.21}$$

同时可得

$$\begin{cases}(C-\alpha_i)\xi_i=0\\ (C-\alpha_i^*)\xi_i^*=0\end{cases}\tag{6.22}$$

由式（6.22）可以看出，当 $\alpha_i=C$ 或 $\alpha_i^*=C$ 时，$|f(x_i)-y_i|$可能大于 ε，对应的 $\boldsymbol{x}_i$ 称为边界支持向量，对应图 6.15 中边界以外的点。当 α_i，$\alpha_i^*\in(0,\ C)$ 时，$|f(x_i)-y_i|=\varepsilon$，即 $\xi_i=0$，$\xi_i^*=0$，对应的 $\boldsymbol{x}_i$ 称为标准支持向量，对应图 6.15 中落在边界上的数据点。当 $\alpha_i=0$，$\alpha_i^*=0$ 时，对应的 $\boldsymbol{x}_i$ 为非支持向量，对应图 6.15 中边界内的点，其对 w 无贡献。因此，ε 越大，支持向量数越少。

对标准支持向量，由式（6.21）可以求出参数 b。

$$\begin{cases}b=y_i-\omega\cdot\boldsymbol{x}_i-\varepsilon, & \alpha_i\in(0,C)\\ b=y_i-\omega\cdot\boldsymbol{x}_i+\varepsilon, & \alpha_i^*\in(1,C)\end{cases}\tag{6.23}$$

由式（6.23）可计算参数 b 的值。与 $\alpha\neq0$ 和 $\alpha_i^*\neq0$ 对应的样本 $\boldsymbol{x}_i$，即在不灵敏区边界上或外面的样本，称为支持向量。从而得到

$$\omega=\sum_{i=1}^{n}(\alpha_i-\alpha_i^*)\boldsymbol{x}_i=\sum_{i\in \boldsymbol{SV}}(\alpha_i-\alpha_i^*)\boldsymbol{x}_i\tag{6.24}$$

式中：$\boldsymbol{SV}$ 为支持向量集。

基于支持向量样本点（$\boldsymbol{x}_i$，$\boldsymbol{y}_i$），求出的拟合函数 $f(x)$ 可以表示为

$$f(x)=\omega\cdot x+b=\sum_{SV}(\alpha_i-\alpha_i^*)(\boldsymbol{x}_i\cdot\boldsymbol{x})+b\tag{6.25}$$

2）非线性问题回归

非线性问题的 SVR 回归是指，将输入向量通过非线性映射映射到一

个高维的希尔伯特（Hilbert）空间中，再进行线性回归。即首先将向量 $\boldsymbol{x}$ 通过非线性映射 $\phi: R^n \rightarrow H$ 映射到高维空间 H 中，再采用函数 $f(x) = \omega\phi(x) + b$ 拟合数据（$\boldsymbol{x}_i$，$\boldsymbol{y}_i$），$i=1, 2, \cdots, n$。则二次规划目标函数式（6.18）变为

$$\min\left\{\begin{aligned}&\frac{1}{2}\sum_{i=1,j=1}^{n}(\alpha_i-\alpha_i^*)(\alpha_j-\alpha_j^*)[\phi(x_i)\cdot\phi(x_j)]\\&+\sum_{i=1}^{n}(\alpha_i-\alpha_i^*)y_i-\sum_{i=1}^{n}(\alpha_i+\alpha_i^*)\varepsilon\end{aligned}\right\} \tag{6.26}$$

$$\text{s.t.}\begin{cases}\sum_{i=1}^{n}(\alpha_i-\alpha_i^*)=0\\0\leqslant\alpha_i,\alpha_i^*\leqslant C\end{cases}$$

从而得到

$$\omega = \sum_{i=1}^{n}(\alpha_i-\alpha_i^*)\phi(x_i) \tag{6.27}$$

由于非线性函数式（6.26）中涉及高维特征空间点积运算 $\phi(x_i)\cdot\phi(x_j)$，而 $\phi(\cdot)$ 是未知的。支持向量机通过引入核函数 $K(x_i, x_j)$，直接在输入空间上求取 ω，从而避免了计算 $\phi(\cdot)$ 的复杂性。$K(x_i, x_j)$ 应满足

$$K(x_i,x_j)=\phi(x_i)\phi(x_j) \tag{6.28}$$

核函数的类型有多种，常用的核函数有：

多项式核 $K(x,x_i)=[(x\cdot x_i)+1]^q$

式中：q 为多项式的阶次。

高斯核 $k(x,x_i)=\exp\left(-\frac{\|x-x_i\|^2}{2\sigma^2}\right)$

径向基（RBF）核

$$K(x,x_i)=\exp\left\{-\frac{|x-x_i|^2}{\sigma^2}\right\}=\exp(-gama\,|x-x_i|^2) \tag{6.29}$$

式中：$gama$ 为核函数参数，简称 g，显然有 $g=\frac{1}{\sigma^2}$。

B 样条核 $k(x,x_i)=B_{2N+1}(\|x-x_i\|)$

Fourier 核 $$k(x,x_i)=\frac{\sin\left(N+\frac{1}{2}\right)(x-x_i)}{\sin\frac{1}{2}(x-x_i)}$$

这里选用目前最常用的式（6.29）径向基（*RBF*）核函数，引入核函数，则式（6.26）变为

$$\min\left\{\frac{1}{2}\sum_{i=1,j=1}^{n}(\alpha_i-\alpha_i^*)(\alpha_j-\alpha_j^*)K(x,x_i)+\sum_{i=1}^{n}(\alpha_i-\alpha_i^*)y_i-\sum_{i=1}^{n}(\alpha_i+\alpha_i^*)\varepsilon\right\} \tag{6.30}$$

$$\text{s.t.}\begin{cases}\sum_{i=1}^{n}(\alpha_i-\alpha_i^*)=0\\0\leqslant\alpha_i,\alpha_i^*\leqslant C\end{cases}$$

同理，可求得非线性拟合函数的表示式为

$$f(x)=\omega\phi(x)+b=\sum_{i=1}^{n}(\alpha_i-\alpha_i^*)k(x_i,x)+b=\sum_{i\in SV}(\alpha_i-\alpha_i^*)k(x_i,x)+b \tag{6.31}$$

式中：***SV*** 为支持向量集。

式（6.31）为非线性支持向量回归机。

3）SVR 参数选择

研究表明，在解决实际问题中，SVM 的参数选择对问题的解决起着至关重要的作用，同样，SVR 的性能也有依赖于学习机的参数选择。在使用 ε - SVR 进行建模中，需要确定的关键参数包括惩罚系数 C、不敏感损失函数参数 ε 和核函数参数 g。

（1）惩罚系数 C 的选择。惩罚系数 C（即支持向量系数 α_i 的上界，$C>0$）是预先给定的常数，用于控制拟合精度，即实现拟合精度（误差）与算法复杂度间的折中。在每个确定的特征子空间中，至少可以找到一个适合的惩罚系数 C，使得 SVM 的推广能力最好。惩罚系数的 C 取值视具体情况而定，一般默认取值范围为［2^{-8}，2^{8}］。

研究表明，惩罚系数 C 变大，会出现过拟合；C 变小，会出现欠拟合。同时，C 小，表示学习机的泛化能力强，复杂度小，但经验风险会较大，反之亦然。但当 C 增大到一定值的时候，支持向量机的复杂度达到允许最

大值，此时，学习机的泛化能力和经验风险基本不再变化。因此，惩罚系数 C 的选择应尽量降低算法的复杂度，避免过度拟合。

（2）核函数参数 g 的选择。由于核函数、映射函数与特征空间之间的一一对应性，因此，改变核函数参数 g 实际上是改变了映射函数，进而影响样本在高维空间中分布的复杂程度。对于实际问题，每个特征空间往往对应唯一的推广能力最好的分类超平面。

同时，研究表明，核函数参数 g 的取值大小会影响函数拟合的精度，如果 g 的值选择不当，就有可能导致 SVM 达不到预期的学习效果。当 $g \to \infty$ 时，会出现过学习现象，此时，SVM 对训练样本的拟合较好，但对测试样本的泛化能力则变差。反之，当 $g \to 0$ 时，会出现欠学习现象。核函数参数 g 的一般默认取值范围是 $[2^{-8}, 2^{8}]$。因此，只有选择恰当的核函数参数 g，才有可能得到推广能力最佳的 SVM 学习机，即得到推广能力最好的分类超平面。此外，研究发现，参数 g 的大小对支持向量的个数影响不大。

（3）不敏感损失函数 ε。SVM（SVR）中引入不敏感损失函数 ε 的主要作用是保持拟合的鲁棒性（Robustness）。式（6.11）中 ε 的大小表明了 SVM 函数拟合的精度。当实际误差超过 ε 时，误差函数的值为实际误差减去 ε；当实际误差小于 ε 时，误差忽略不计。也就是说，这种误差函数中间有一个宽度为 2ε 的不敏感带，称为 ε 带。对于样本点而言，存在一个不为目标函数提供任何损失的区域。

ε 的大小表明了置信区间的宽度，改变 ε 的取值可以影响支持向量的个数，控制拟合的精度。研究表明，ε 过大，可能导致欠拟合现象，精度降低，造成 SVM 回归预测性能的劣化；ε 过小，可能导致过拟合现象，训练时间增长，造成预测函数的不存在。不敏感损失函数 ε 使 SVM 解决了一般神经网络不能解决的对学习样本的过度拟合问题，为取得函数泛化能力和拟合精度之间的平衡，ε 通常取一个较小的正值。文献研究表明，ε 的理想搜索区间为 $[0.0001, 1.5000]$。

3. 基于 SVR 的高层建筑火灾报警模型研究

由于高层建筑火灾信号与火灾发生概率间的关系比较复杂，很难用一个具体的数学公式来描述。实践表明，是否已经发生火灾不仅仅只取决于烟雾浓度或温度的绝对值，还与其变化的速率有着直接的关系。如何通过综合考虑这些因素，并拟合出其与火灾发生概率间的关系，就需要借助于新型的智能信息处理算法。

因此，基于 6.1 节所建立的高层建筑复合式火灾报警系统软硬件平台，采用 SVR 算法，通过对高层建筑烟雾探测信息、烟雾上升速率探测信息、温度探测信息、温度上升速率探测信息四种信息的综合处理，准确给出其火灾发生的概率，进而及时判决是否已经发生火灾。基于 SVR 报警算法的高层建筑火灾报警系统框图如图 6.17 所示。

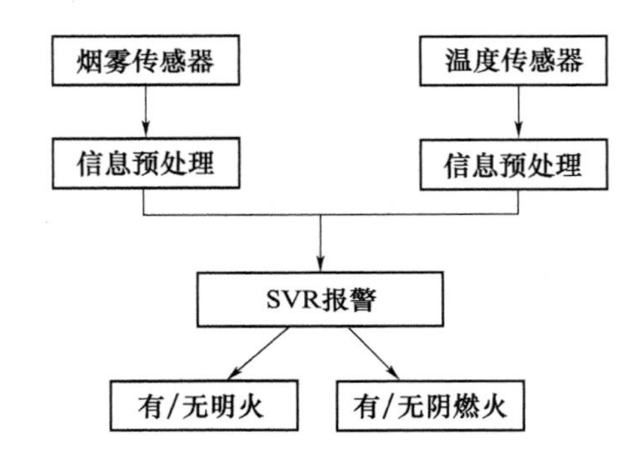

图 6.17　基于 SVR 报警算法的高层建筑火灾报警系统框图

利用 SVR 建模进行高层建筑火灾报警的基本原理，即将烟感探测信号、温感探测信号作为支持向量回归机的输入，将明火发生概率、阴燃火发生概率分别作为支持向量回归机的输出，构建一个多输入、单输出的高层建筑火灾 SVR 报警算法模型，如图 6.18 所示。

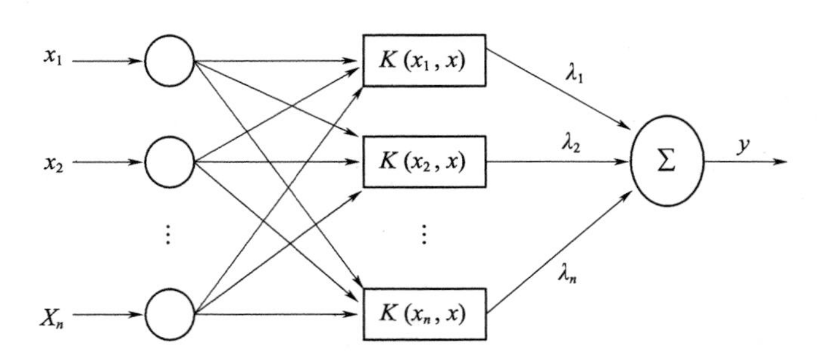

图 6.18　高层建筑火灾 SVR 报警算法模型

建模的基本思路：将信号输入值 $x_i(i=1, 2, \cdots, n)$，映射到一个高维特征空间 $\phi(x_i)$。将原非线性模型转化为特征空间的线性回归模型。

$$f(x_i)=\omega\phi(x_i)+b \tag{6.32}$$

式中：ω、b 为待定参数。

对式（6.32）中的参数进行处理，结果为

$$R(\omega,\xi,\xi^*)=\frac{1}{2}\omega\cdot\omega+C\sum_{i=1}^{n}(\xi_i+\xi_i^*) \tag{6.33}$$

式中：ξ_i、ξ_i^* 为松弛因子；C 为平衡因子（惩罚系数）；ξ、ξ_i^* 和 C 均不小于0。

根据支持向量机的基本原理，求解式（6.33）等价于求解式（6.34）的优化问题。

$$\min\left\{\frac{1}{2}\omega\cdot\omega+C\sum_{i=1}^{n}(\xi_i+\xi_i^*)\right\} \tag{6.34}$$

$$\text{s. t.}\begin{cases}y-(\omega,\phi(x_i))-b\leqslant\varepsilon+\xi_i\\(\omega,\phi(x_i)+b-y)\leqslant\varepsilon+\xi_i^*\\\xi_i,\xi_i^*\geqslant 0\end{cases}$$

为便于求解，将式（6.34）转化为其对偶问题，则可得非线性函数 $f(x)$。

$$f(x)=\sum_{i=1}^{n}(\alpha_i-\alpha_i^*)k(x_i,x)+b \tag{6.35}$$

式中：α_i 和 α_i^* 为支持向量参数；$k(x_i, x)$ 为核函数。

本书选用径向基核函数。

$$k(x,x_i)=\exp\left\{-\frac{|x-x_i|^2}{\sigma^2}\right\} \tag{6.36}$$

将式（6.36）代入式（6.35）中，经过等价交换可得到

$$f(x)=\omega\phi(x)+b=\sum_{i=1}^{n}(\alpha_i-\alpha_i^*)k(x_i,x)+b=\sum_{i\in \boldsymbol{SV}}(\alpha_i-\alpha_i^*)k(x_i,x)+b \tag{6.37}$$

式中：$\boldsymbol{SV}$ 为支持向量集；$f(x)$ 为输出向量集。

其中，惩罚系数 C、不敏感损失函数参数 ε 和核函数参数 g 的选择见 SVR 参数选择部分。

6.2.4 报警算法的实证分析

在实际高层建筑火灾中，受环境因素影响，通常在火灾初始阶段，火灾自动报警系统对烟雾信号的感应速度往往会比对温度信号的感应速度更快；但在火灾消退阶段，烟雾信号的感应速度也往往先于温度信号的感应速度而迅速降低。由此导致传统火灾报警系统大多采用单一烟感探测信号进行报警。但如前所述，单一火灾探测信号报警存在明显的不足。因此，本书采用了烟-温复合火灾探测信号进行高层建筑火灾报警。这种设计可以确保当火灾发生时，既能够采用烟-温复合探测信号进行报警，也可以实现一旦温感探测信号失灵，采用单一烟感探测信号进行报警，从而保证系统的整体可靠性。

但采用 SVR 报警模型对火灾单一烟感探测信号和烟-温复合探测信号是否均可以准确报警，报警结果有无差异，则需要进行实证研究。因此，在正式应用于报警系统之前，先木材燃烧、普通火标准化历史数据为例[63]，分别以单一烟感探测信号、烟-温复合探测信号进行实证对比分析，并与神经网络算法报警结果进行比较，验证本书建立的基于 SVR 的火灾报警算法模型的可行性与有效性。

1. 木材燃烧实证分析

木材燃烧标准化历史数据见表 6.1。

表 6.1 木材燃烧标准化历史数据

样本序号	烟度（mg/m^3）	烟度上升率[$mg/(m^3 \cdot s)$]	温度（℃）	热释放速率（℃/s）	明火概率（100%）	阴燃火概率（100%）
1	0.10	1.10	1.10	0.00	0.00	0.13
2	0.20	0.10	0.10	0.00	0.00	0.37
3	0.30	0.15	0.10	0.00	0.00	0.45
4	0.40	0.20	0.10	0.10	0.23	0.71
5	0.50	0.20	0.20	0.30	0.36	0.65
6	0.60	0.35	0.30	0.20	0.24	0.81
7	0.65	0.40	0.32	0.30	0.36	0.77
8	0.65	0.45	0.35	0.30	0.36	0.79
9	0.70	0.50	0.40	0.40	0.41	0.67

续表

样本序号	烟度（mg/m^3）	烟度上升率［$mg/(m^3 \cdot s)$］	温度（℃）	热释放速率（℃/s）	明火概率（100%）	阴燃火概率（100%）
10	0.80	0.40	0.50	0.30	0.51	0.55
11	0.90	0.20	0.30	0.30	0.61	0.38
12	0.90	0.30	0.50	0.40	0.71	0.28
13	0.90	0.10	0.60	0.30	0.77	0.23
14	0.95	0.05	0.65	0.32	0.79	0.20
15	0.95	0.03	0.71	0.37	0.82	0.15
16	0.96	0.03	0.72	0.35	0.81	0.14
17	0.96	0.02	0.72	0.30	0.85	0.10
18	0.96	0.01	0.77	0.35	0.90	0.03
19	0.96	0.00	0.80	0.10	0.92	0.00
20	0.95	0.00	0.85	0.12	0.95	0.01
21	0.95	0.00	0.95	0.17	0.96	0.01
22	0.96	0.00	0.96	0.20	0.98	0.00

1）单一烟感探测信号报警

（1）明火概率报警。将表6.1中烟度信号、烟度上升率信号两个烟感信号作为支持向量回归机（SVR）的输入，将明火概率值作为输出，采用本书建立的SVR报警算法模型，进行实证分析。以前17组数据作为训练样本，借助Matlab软件，使用libsvm工具箱中SVMcgForRegress函数进行仿真训练。参考文献资料，不敏感损失函数 ε 取系统默认值0.1。通过训练，得到木材燃烧明火概率的SVR最优参数选择结果，如图6.19所示，惩罚系数 $C=0.1895$，核函数参数 $g=27.8576$，误差 $MSE=0.006498$。

将后5组数据作为报警样本，输入训练好的SVR，则得到明火概率的回归报警结果，如图6.20所示，总体相对误差1.02%。

同时，为了便于对比分析，本书再采用神经网络对该明火概率进行实证分析，采用莱文贝格-马夸特（Levenberg-Marquardt）算法，transig激活函数，预测精度0.001，步长0.001，最大训练次数10000次，输入层2，中间层4，输出层1。经过训练，训练误差0.0096，训练次数10000次。将后5组样本输入训练好的网络，报警结果见表6.2，总体相对误差12.62%。

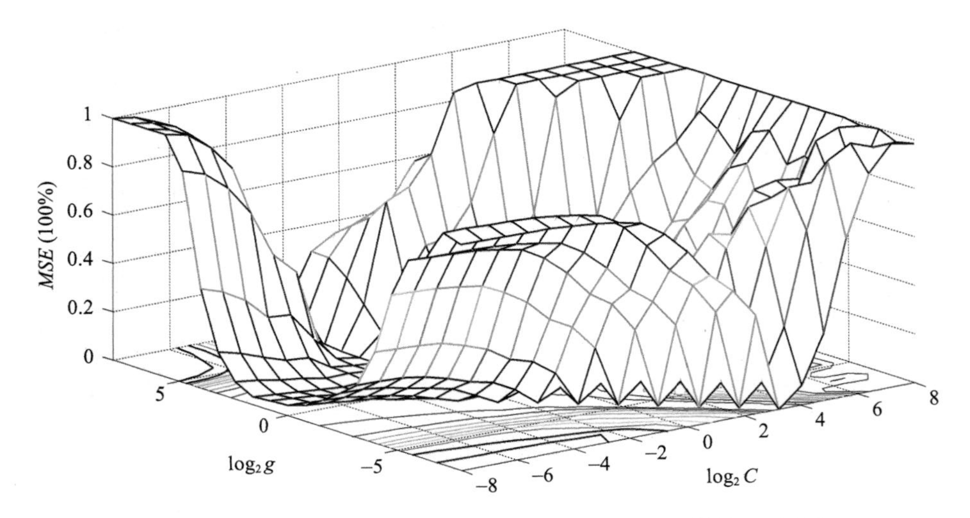

图 6.19　烟感信号木材明火概率报警 SVR 参数选择结果 3D 图形

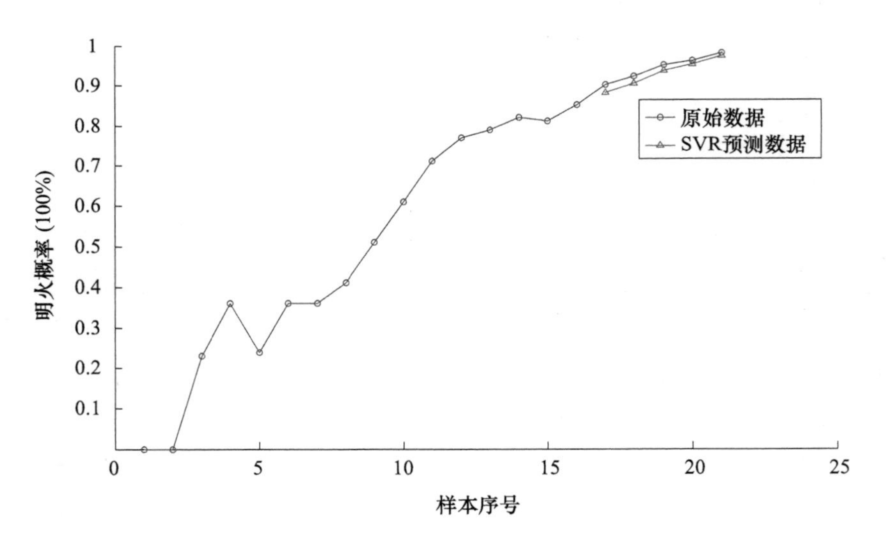

图 6.20　烟感信号木材明火概率回归报警对比

表 6.2　烟感信号木材明火概率神经网络报警对比

报警样本	18	19	20	21	22
明火概率实际值	0.90	0.92	0.95	0.96	0.98
神经网络明火概率预测值	0.8248	0.8244	0.8191	0.8191	0.8244

（2）阴燃火概率报警。同理，将表6.1中烟度信号、烟度上升率信号两个烟感信号作为支持向量回归机（SVR）的输入，将阴燃火概率值作为输出，进行实证分析。同样，取前17组数据作为训练样本，经过训练，得到阴燃火概率的SVR最优参数选择结果，如图6.21所示，惩罚系数 $C=1$，核函数参数 $g=3.014$，误差 $MSE=0.0091581$。

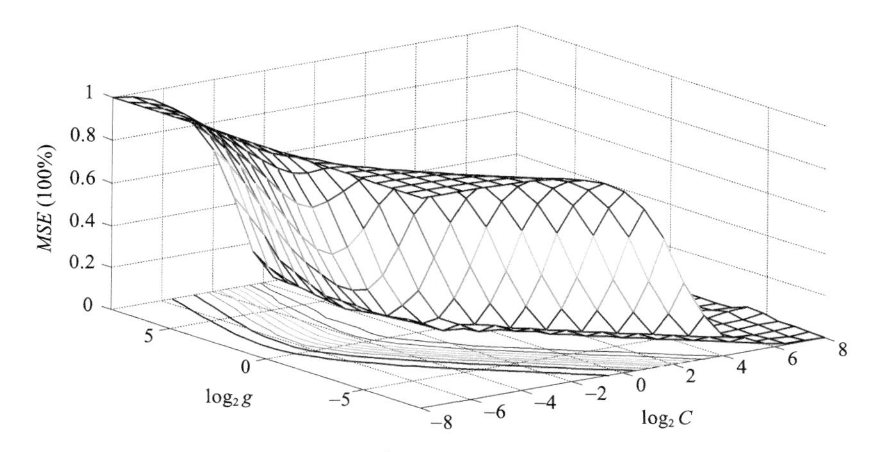

图6.21　烟感信号木材阴燃火概率报警SVR参数选择结果3D图形

同理，将后5组数据作为报警样本，输入训练好的SVR，得到阴燃火概率的回归报警结果，如图6.22所示，总体绝对误差0.008。

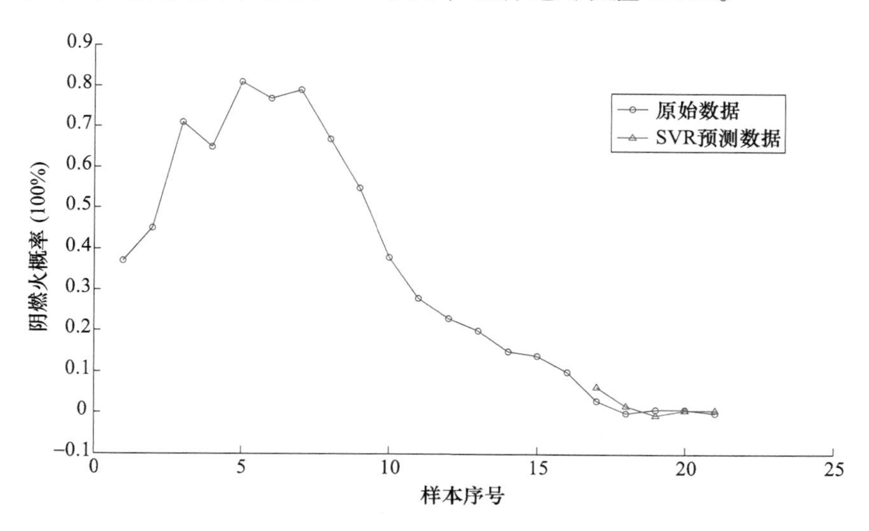

图6.22　烟感信号木材阴燃火概率回归报警对比

采用神经网络对该阴燃火概率进行实证分析，选取 Levenberg-Marquardt 算法，预测精度0.001，步长0.001，输入层2，中间层4，输出层1。经过 820 次训练，训练误差 0.0009。将后 5 组样本输入训练好的网络，报警结果见表6.3，总体绝对误差 0.04。

表 6.3　烟感信号木材阴燃火概率神经网络报警对比

报警样本	18	19	20	21	22
阴燃火概率实际值	0.03	0.00	0.01	0.01	0.00
神经网络阴燃火概率预测值	0.0695	0.0330	0.0587	0.0587	0.0330

2）烟-温复合探测信号报警

（1）明火概率报警。将表6.1中烟度信号、烟度上升率信号、温度信号、热释放速率信号作为支持向量回归机（SVR）的输入，以明火概率值作为输出。同样，取前17组数据作为训练样本，经过仿真训练，得到烟-温复合信号木材明火概率的 SVR 最优参数选择结果，如图 6.23 所示，惩罚系数 $C=1$，核函数参数 $g=0.57435$，误差 $MSE=0.005915$。

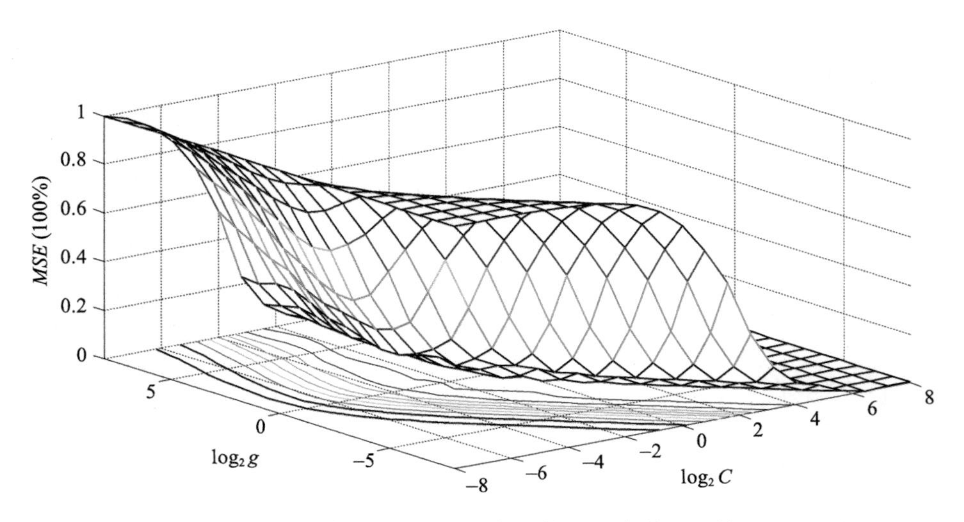

图 6.23　烟-温复合信号木材明火概率报警 SVR 参数选择结果 3D 图形

将后 5 组数据输入训练好的 SVR，进行报警，得到明火概率的回归报警结果，如图 6.24 所示，总体相对误差 0.42% 。

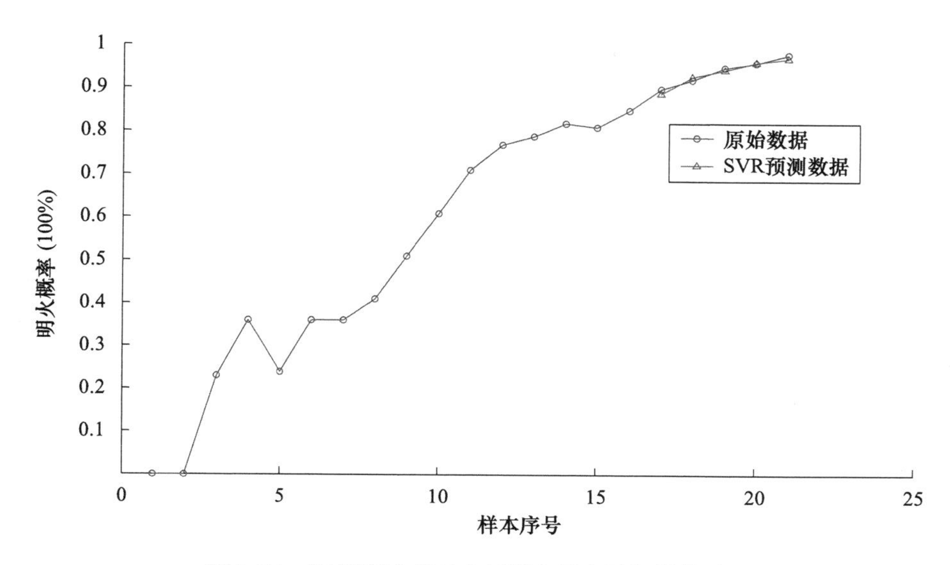

图 6.24 烟-温复合信号木材明火概率回归报警对比

采用神经网络对该明火概率进行报警分析，同理，选取 Levenberg-Marquardt 算法，transig 激活函数，预测精度 0.001，步长 0.001，输入层 4，中间层 6，输出层 1。经过 32 次训练，训练误差 0.00097。将后 5 组样本输入训练好的网络，报警结果见表 6.4，总体相对误差 6.16%。

表 6.4 烟-温复合信号木材明火概率神经网络报警对比

报警样本	18	19	20	21	22
明火概率实际值	0.90	0.92	0.95	0.96	0.98
神经网络明火概率预测值	0.8266	0.8975	0.9023	0.9006	0.8917

（2）阴燃火概率报警。同理，将表 6.1 中烟度信号、烟度上升率信号、温度信号、热释放速率信号作为支持向量回归机（SVR）的输入，以阴燃火概率值作为输出，进行报警分析。同样，取前 17 组数据作为训练样本，经过训练，得到烟-温复合信号木材阴燃火概率的 SVR 最优参数选择结果，如图 6.25 所示，惩罚系数 $C=16$，核函数参数 $g=0.10882$，$MSE=0.0092703$。

同理，将后 5 组样本输入训练好的 SVR，得到阴燃火概率的回归报警结果，如图 6.26 所示，总体绝对误差 0.006。

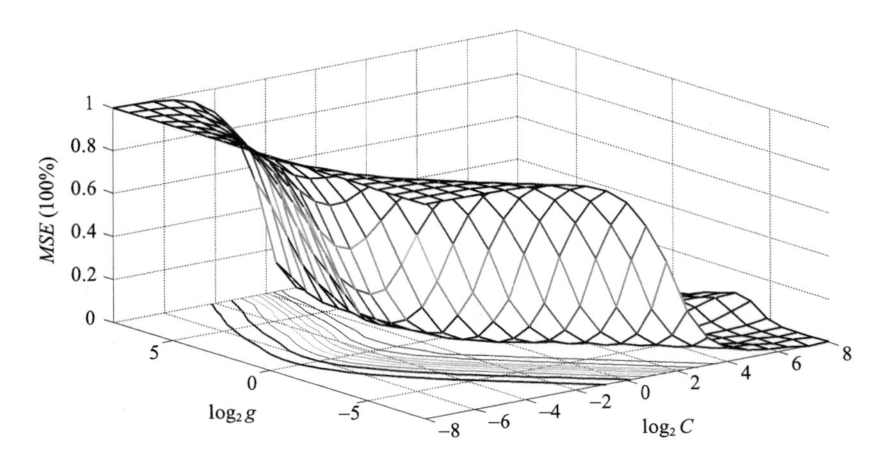

图 6.25 烟-温复合信号木材阴燃火概率报警 SVR 参数选择结果 3D 图形

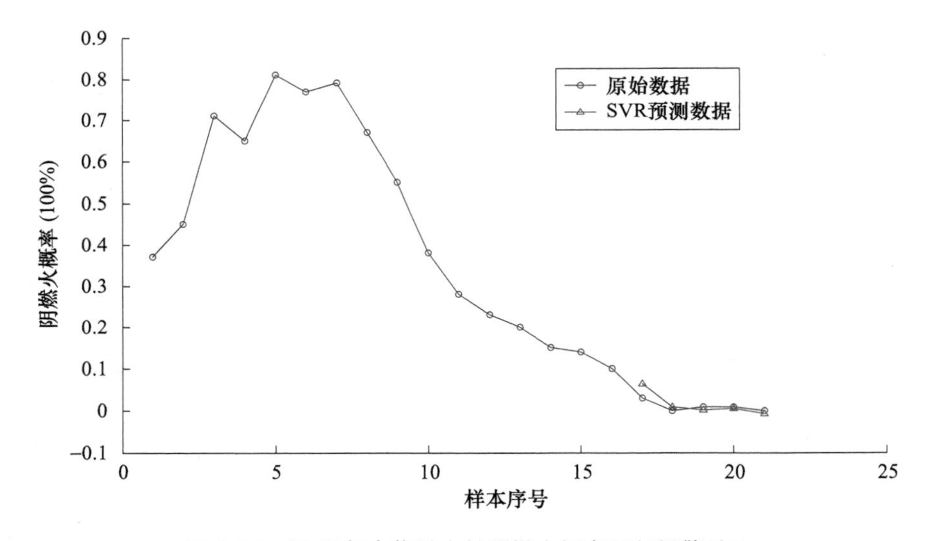

图 6.26 烟-温复合信号木材阴燃火概率回归报警对比

同理，采用神经网络对该阴燃火概率进行实证分析（过程略），训练次数 68 次，训练误差 0.00099。报警结果见表 6.5，总体绝对误差 0.008。

表 6.5 烟-温复合信号木材阴燃火概率神经网络报警对比

报警样本	18	19	20	21	22
阴燃火概率实际值	0.03	0.00	0.01	0.01	0.00
神经网络阴燃火概率预测值	0.0472	−0.0034	0.01335	0.01593	−0.0083

3）木材燃烧报警结果分析

从图6.20、图6.22、图6.24、图6.26的报警结果中可以发现，对于木材燃烧明火概率的报警，无论是单一烟感信号，还是烟-温复合探测信号，5个报警样本点报警值与实际值基本一致，且烟-温复合探测信号的报警结果误差更小。对于阴燃火概率，除了第1个报警样本报警值和实际值稍有偏差外，其余4个报警样本的报警值与真实值基本一致。但由于本书建立的报警算法模型是对高层建筑火灾发生实际情况的一种概率报警（即区间判断），细微的偏差并不影响最终的决策结果。即对于第1个报警样本点，图示偏差并不影响最终的火情决策判断（即阴燃火基本不会发生的判断）。

同时，从研究结果可以看出，对于木材燃烧火的明火概率及阴燃火概率的报警，SVR算法总体报警的准确性很高。

2. 普通火实证分析

普通火标准化历史数据见表6.6。

表6.6　普通火标准化历史数据

样本序号	烟度（mg/m³）	烟度上升率［mg/（m³·s）］	温度（℃）	热释放速率（℃/s）	明火概率（100%）	阴燃火概率（100%）
1	0.30	0.60	0.30	0.20	0.20	0.78
2	0.60	0.50	0.60	0.70	0.55	0.47
3	0.20	0.30	0.20	0.10	0.47	0.20
4	0.70	0.30	0.40	0.10	0.13	0.81
5	0.10	0.10	0.20	0.10	0.17	0.10
6	0.50	0.10	0.70	0.80	0.89	0.07
7	0.30	0.30	0.20	0.10	0.27	0.61
8	0.08	0.10	0.80	0.30	0.72	0.24
9	0.40	0.60	0.40	0.30	0.23	0.87
10	0.10	0.30	0.40	0.40	0.71	0.37
11	0.70	0.10	0.60	0.50	0.80	0.07
12	0.60	0.20	0.70	0.50	0.81	0.22
13	0.40	0.40	0.30	0.10	0.23	0.80
14	0.10	0.50	0.20	0.20	0.31	0.77
15	0.50	0.60	0.20	0.30	0.37	0.68

续表

样本序号	烟度（mg/m^3）	烟度上升率［$mg/(m^3 \cdot s)$］	温度（℃）	热释放速率（℃/s）	明火概率（100%）	阴燃火概率（100%）
16	0.50	0.10	0.70	0.20	0.79	0.19
17	0.60	0.50	0.80	0.10	0.27	0.70
18	0.10	0.10	0.30	0.10	0.17	0.24
19	0.90	0.20	0.50	0.40	0.87	0.09
20	0.30	0.40	0.60	0.30	0.57	0.39
21	0.51	0.62	0.23	0.32	0.36	0.66
22	0.22	0.32	0.66	0.87	0.79	0.23
23	0.44	0.65	0.23	0.33	0.41	0.62
24	0.37	0.32	0.22	0.57	0.77	0.26
25	0.67	0.63	0.66	0.57	0.45	0.52

1）单一烟感探测信号报警

（1）明火概率报警。将表6.6中烟度信号、烟度上升速率信号两个烟感作为SVR的输入，将明火概率值作为输出，进行普通火报警实证分析。以前20组数据作为训练样本，经过仿真训练，得到普通火明火概率的SVR最优参数选择结果，如图6.27所示，惩罚系数 $C=0.32988$，核函数参数 $g=27.8576$，误差 $MSE=0.0088363$。

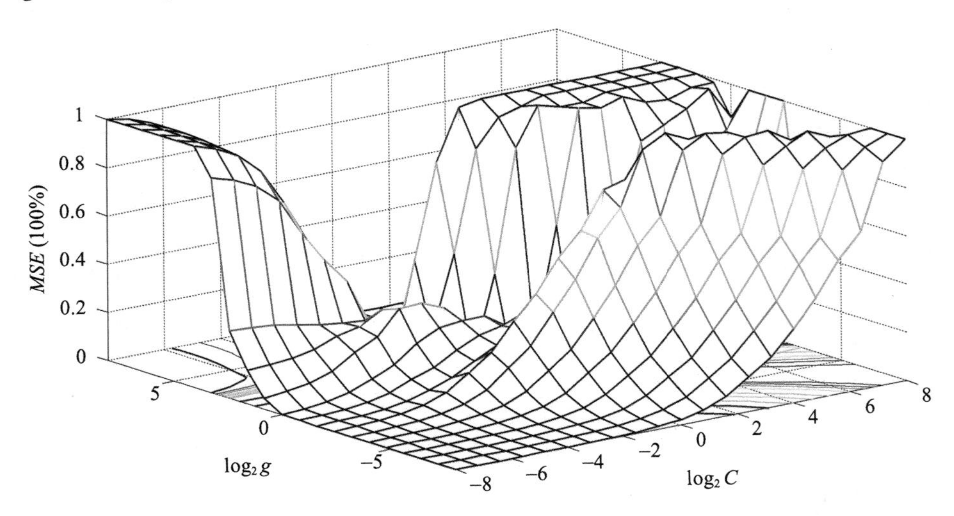

图6.27　烟感信号普通火明火概率报警SVR参数选择结果3D图形

将后5组样本数据作为报警样本，输入训练好的SVR，则得到普通火明火概率的回归报警结果，如图6.28所示，总体相对误差0.22%。

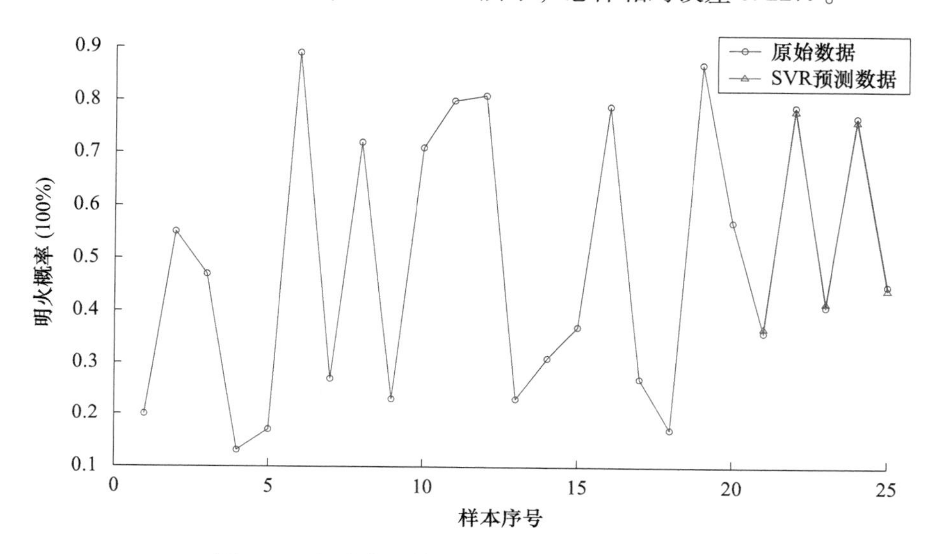

图6.28 烟感信号普通火明火概率回归报警对比

同时，通过图6.28离散点的预测结果及上述木材火预测分析，若将其连成折线，则可以看出，SVR报警算法对于连续数据同样具有良好的趋势回归预测能力。

采用神经网络对该明火概率进行实证分析，同前，选取Levenberg-Marquardt算法，transig激活函数，预测精度0.001，步长0.001，最大训练次数10000次，输入层2，中间层4，输出层1。经过10000次训练，训练误差0.0471。将后5组样本输入训练好的网络，报警结果见表6.7，总体相对误差52.91%。

表6.7 烟感信号普通火明火概率神经网络报警对比

报警样本	21	22	23	24	25
明火概率实际值	0.36	0.79	0.41	0.77	0.45
神经网络明火概率预测值	0.2952	0.4260	0.1639	-0.2249	0.3994

（2）阴燃火概率报警。同理，将表6.6中烟度信号、烟度上升速率信号两个烟感信号作为SVR的输入，将阴燃火概率值作为输出，进行实证分

析。同样，以前20组数据作为训练样本，经过训练，得到普通火的阴燃火概率的SVR最优参数选择结果，如图6.29所示，惩罚系数 $C=0.10882$，核函数参数 $g=16$，误差 $MSE=0.01133$。

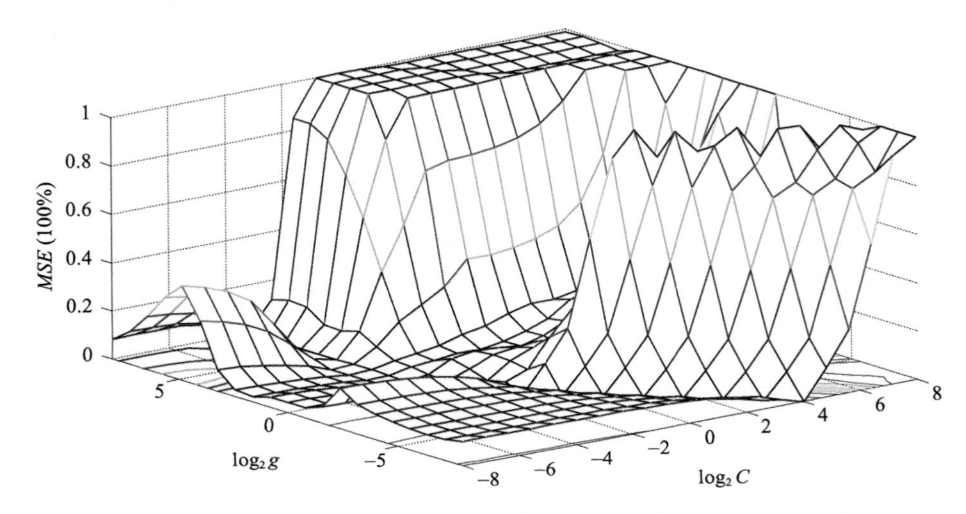

图6.29　烟感信号普通火阴燃火概率报警SVR参数选择结果3D图形

同理，将后5组样本数据输入训练好的SVR，得到其阴燃火概率的回归报警结果，如图6.30所示，总体相对误差9.00%。

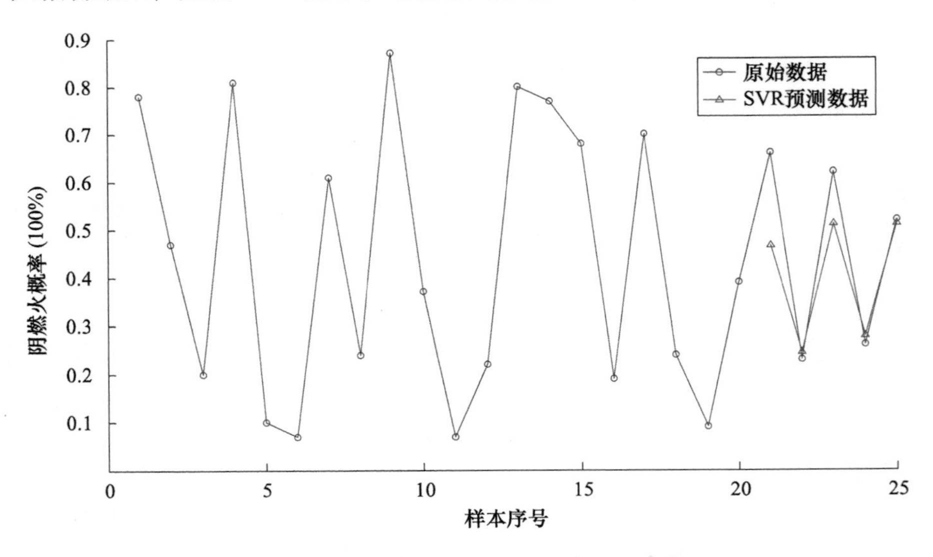

图6.30　烟感信号普通火阴燃火概率回归报警对比

同理，采用神经网络对该阴燃火概率进行实证分析，过程略。训练次数 10000 次，训练误差 0. 2002。将后 5 组样本输入训练好的网络，报警结果见表 6. 8，总体相对误差 66. 02% 。

表 6. 8　烟感信号普通火阴燃火概率神经网络报警对比

报警样本	21	22	23	24	25
阴燃火概率实际值	0. 66	0. 23	0. 62	0. 26	0. 52
神经网络阴燃火概率预测值	0. 8218	0. 5312	0. 8191	0. 6258	0. 5104

2）烟-温复合探测信号报警

（1）明火概率报警。将表 6. 6 中烟度信号、烟度上升速率信号、温度信号、温度上升速率信号作为 SVR 的输入，将普通火明火概率值作为输出，进行实证分析。以前 20 组数据作为训练样本，经过训练，得到普通火明火概率的 SVR 最优参数选择结果，如图 6. 31 所示，惩罚系数 C = 0. 32988，核函数参数 g = 9. 1896，误差 MSE = 0. 009447。

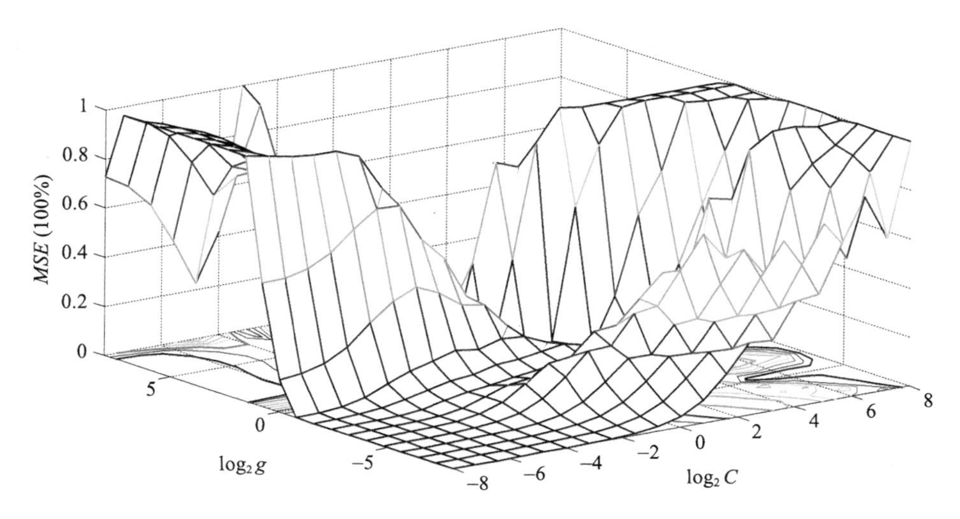

图 6. 31　烟-温复合信号普通火明火概率报警 SVR 参数选择结果 3D 图形

将后 5 组样本数据输入训练好的 SVR，得到普通火明火概率的回归报警结果，如图 6. 32 所示，总体相对误差 0. 01% 。

采用神经网络对该明火概率进行实证分析，选取 Levenberg-Marquardt 算法，transig 激活函数，预测精度 0. 001，步长 0. 001，最大训练次数

10000 次，输入层 4，中间层 6，输出层 1，训练次数 29 次，训练误差 0.00094。将后 5 组样本输入训练好的网络，报警结果见表 6.9，总体相对误差 34.16%。

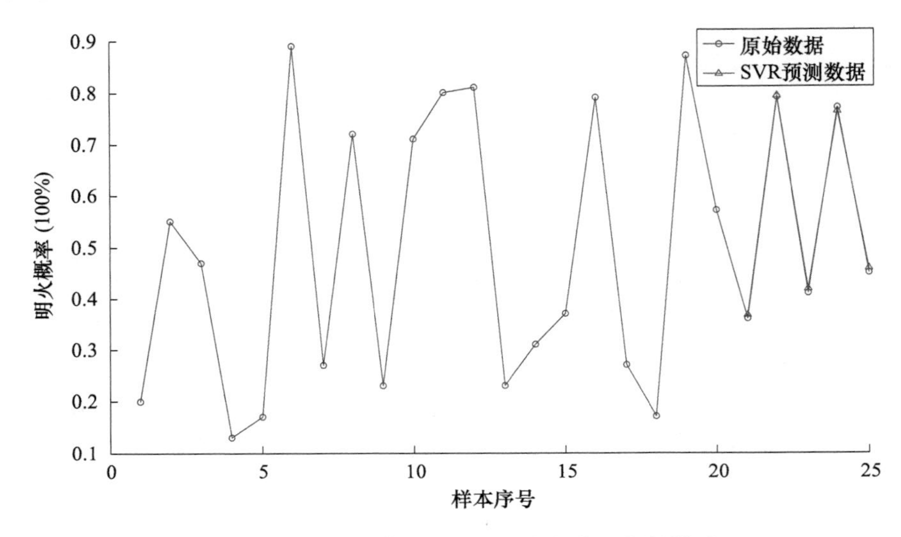

图 6.32　烟-温复合信号普通火明火概率回归报警对比

表 6.9　烟-温复合信号普通火明火概率神经网络报警对比

报警样本	21	22	23	24	25
明火概率实际值	0.36	0.79	0.41	0.77	0.45
神经网络明火概率预测值	0.3845	0.8523	0.2939	0.1380	0.6557

（2）阴燃火概率报警。同理，将表 6.6 中烟度信号、烟度上升速率信号、温度信号、温度上升速率信号作为 SVR 的输入，将阴燃火概率值作为输出，进行报警分析。同样，取前 20 组数据作为训练样本，经过训练，得到其阴燃火概率的 SVR 最优参数选择结果，如图 6.33 所示，惩罚系数 $C=256$，核函数参数 $g=16$，误差 $MSE=0.0091060$。

同理，将后 5 组样本数据输入训练好的 SVR，得到阴燃火概率的回归报警结果，如图 6.34 所示，总体相对误差 0.03%。

同理，采用神经网络对该阴燃火概率进行实证分析，过程略。训练次数 63 次，训练误差 0.00093。将后 5 组样本输入训练好的网络，报警结果见表 6.10，总体相对误差 1.11%。

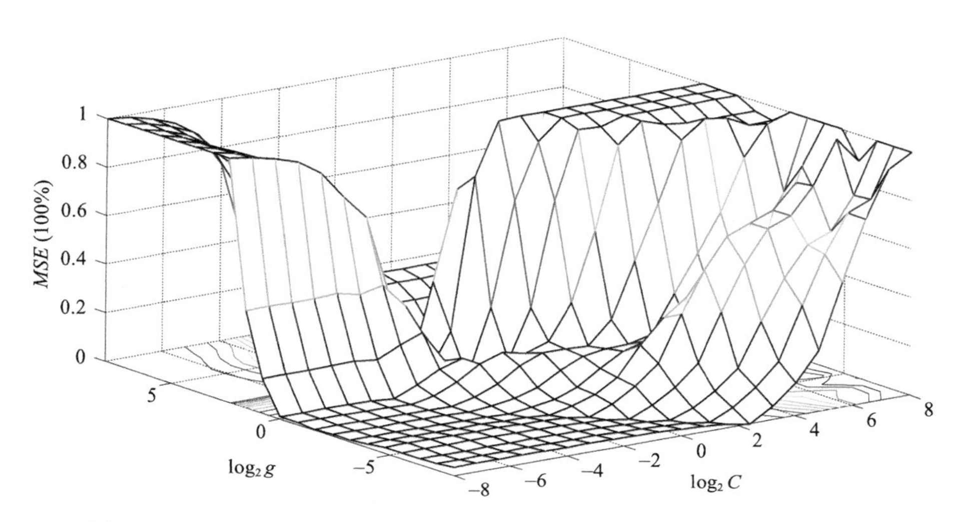

图 6.33 烟-温复合信号普通火阴燃火概率报警 SVR 参数选择结果 3D 图形

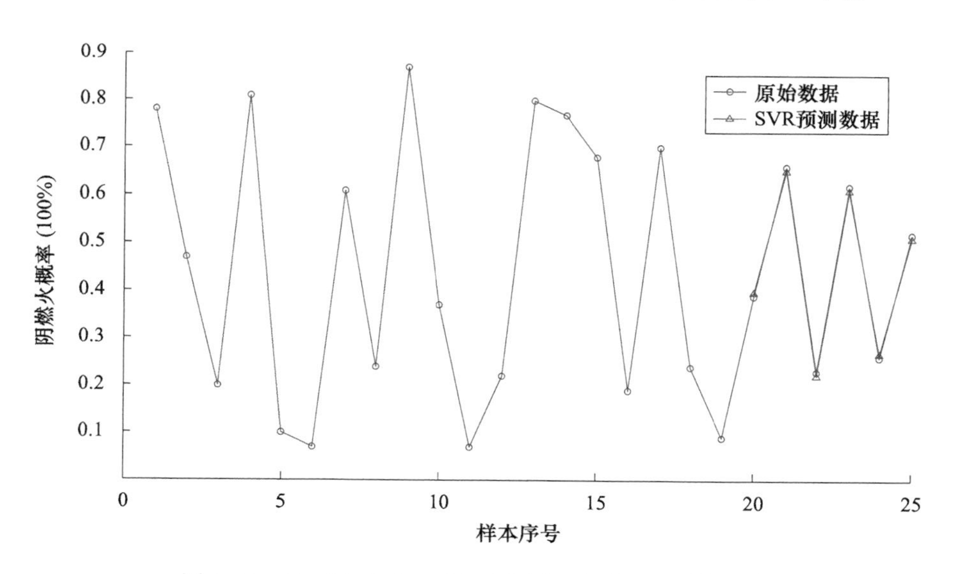

图 6.34 烟-温复合信号普通火阴燃火概率回归报警对比

表 6.10 烟-温复合信号普通火阴燃火概率神经网络报警对比

报警样本	21	22	23	24	25
阴燃火概率实际值	0.66	0.23	0.62	0.26	0.52
神经网络阴燃火概率预测值	0.6829	0.2286	0.6178	0.2628	0.5203

3）普通火报警结果分析

从图6.28、图6.30、图6.32、图6.34的报警结果中可以发现，对于普通火明火概率的报警，无论是单一烟感探测信号，还是烟-温复合探测信号，5个报警样本点报警值与实际值完全一致。对于阴燃火概率的报警，单一烟感探测信号的报警误差明显偏大，而对于烟-温复合探测信号报警，报警值与真实值则完全一致。

3. 报警结果分析

通过对木材燃烧、普通火标准历史数据的实证分析，研究结果表明，采用烟-温复合火灾探测信号，相对于单一传感器火灾探测信号，运用SVR报警算法模型，可以提高火灾报警的准确性。例如，以木材燃烧为例，采用烟-温复合火灾探测信号进行报警，相对于采用单一烟感信号进行报警，其明火概率报警平均相对误差可由1.02%降低到0.42%，其阴燃火概率报警平均绝对误差可由0.008降低到0.006。再以普通火为例，采用烟-温复合火灾探测信号进行报警，相对于采用单一烟感信号进行报警，其明火概率报警平均相对误差可由0.22%降低到0.01%，其阴燃火概率报警平均相对误差可由9.00%降低到0.03%。

研究结果还表明，无论是对于单一的火灾探测信号，还是烟-温复合火灾探测信号，相对于神经网络等传统智能算法，SVR算法报警结果更为准确。例如，以木材燃烧为例，采用烟-温复合火灾探测信号进行报警，如果采用SVR报警算法，其明火概率的报警平均相对误差为0.42%，而采用神经网络报警算法，其明火概率的报警平均相对误差则为6.16%。再以普通火为例，采用烟-温复合火灾探测信号进行报警，如果采用SVR报警算法，其明火概率和阴燃火概率的报警平均相对误差分别为0.01%和0.03%，而采用神经网络报警算法，其明火概率和阴燃火概率的报警平均相对误差则分别为34.16%和1.11%。可见，SVR算法报警的结果明显更为准确。

因此，本书将SVM报警算法嵌入火灾自动报警系统的软件报警分析部分，开发出基于SVR报警算法的高层建筑无线复合式火灾自动报警系统。

6.3 系统测试及试验

6.3.1 系统测试

对设计开发的基于 CC1110 芯片的高层建筑新型无线火灾自动报警系统，在工作频率 433MHz 下进行试验[58]。系统测试时，制作 2 个温度传感器和 2 个烟雾传感器作为数据采集终端，1 个分站接入节点汇聚网络数据，1 台便携式电脑。分别观察在正常工作环境下和模拟火灾环境下的测试结果。

系统中绑定 ID5 和 ID6 为烟雾传感器，模块实物如图 6.35 所示。绑定 ID7 和 ID8 为温度传感器，模块实物如图 6.36 所示。分站接入节点 AP 模块实物如图 6.37 所示。

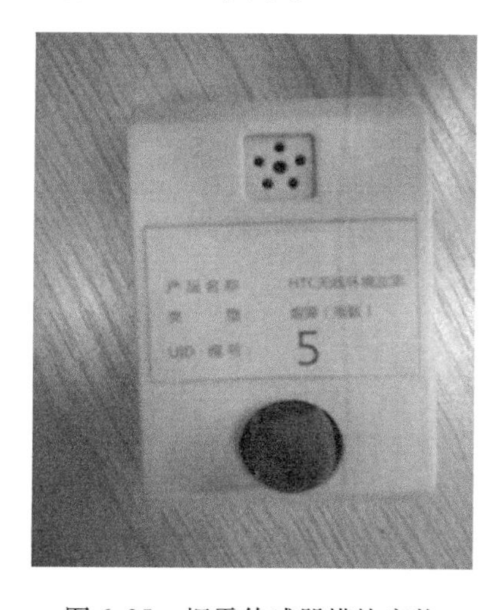

图 6.35 烟雾传感器模块实物

图 6.36 温度传感器模块实物

传感器与分站接入节点通过无线进行数据传输，分站接入节点则通过串口-USB 转换线与便携电脑连接，整个报警系统组成如图 6.38 所示。

图 6.38 中各部件的相互关系如图 6.2 所示。在室温为 20℃，无烟工作环境下，考虑到 CC1110 芯片低功耗的特点，设置系统扫描时间间隔为 10s，报警方式采取声光报警。测试后，随机导出 5 号烟雾传感器和 7 号温

度传感器的各 25 组测试数据，见表 6. 11 和表 6. 12。测试结果与用专用测试仪器所测的实际环境情况完全相符，系统运行正常。

图 6. 37　分站接入节点 AP 模块实物

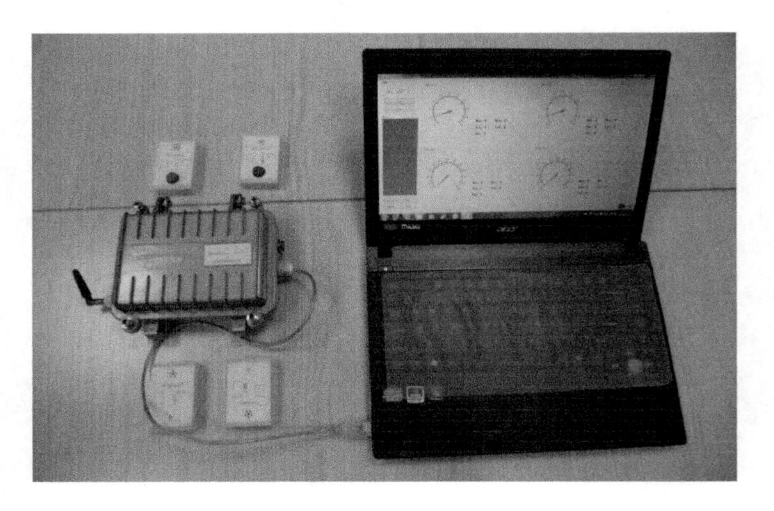

图 6. 38　报警系统组成

表 6. 11　5 号烟雾传感器测试数据

序号	数值（mg/m^3）	时间
1	22	2021/3/20 19：16：50
2	23	2021/3/20 19：17：00

续表

序号	数值（mg/m³）	时间
3	23	2021/3/20 19：17：21
4	22	2021/3/20 19：17：31
5	22	2021/3/20 19：17：41
6	22	2021/3/20 19：17：52
7	23	2021/3/20 19：18：02
8	23	2021/3/20 19：18：12
9	23	2021/3/20 19：18：33
10	22	2021/3/20 19：18：43
11	22	2021/3/20 19：18：53
12	22	2021/3/20 19：19：03
13	23	2021/3/20 19：19：24
14	23	2021/3/20 19：19：34
15	22	2021/3/20 19：19：55
16	23	2021/3/20 19：20：05
17	23	2021/3/20 19：20：15
18	23	2021/3/20 19：20：26
19	22	2021/3/20 19：20：36
20	23	2021/3/20 19：20：46
21	23	2021/3/20 19：20：56
22	22	2021/3/20 19：21：07
23	22	2021/3/20 19：21：17
24	22	2021/3/20 19：21：27
25	22	2021/3/20 19：21：37

表 6.12　7 号温度传感器测试数据

序号	数值（℃）	时间
1	20	2021/3/20 19：16：34
2	20	2021/3/20 19：16：54
3	20	2021/3/20 19：17：03
4	20	2021/3/20 19：17：13
5	20	2021/3/20 19：17：23

续表

序号	数值（℃）	时间
6	20	2021/3/20 19：17：33
7	20	2021/3/20 19：17：43
8	20	2021/3/20 19：17：52
9	20	2021/3/20 19：18：02
10	20	2021/3/20 19：18：12
11	20	2021/3/20 19：18：22
12	20	2021/3/20 19：18：32
13	20	2021/3/20 19：18：41
14	20	2021/3/20 19：18：51
15	20	2021/3/20 19：19：21
16	20	2021/3/20 19：19：31
17	20	2021/3/20 19：19：50
18	20	2021/3/20 19：20：00
19	20	2021/3/20 19：20：10
20	20	2021/3/20 19：20：20
21	20	2021/3/20 19：20：29
22	20	2021/3/20 19：20：39
23	20	2021/3/20 19：20：49
24	20	2021/3/20 19：20：59
25	20	2021/3/20 19：21：09

在模拟火灾发生条件下，系统测试界面明显发生变化，上位机软件界面如图 6. 39 所示。

随机导出 6 号烟雾传感器和 8 号温度传感器的 20 组测试数据，见表 6. 13 和表 6. 14。当达到设定的火灾风险区间值时，系统发出声光报警信号，系统测试结果正确、可靠。

经过测试，系统传感器、分站接入节点和上位机软件均工作正常，在无障碍物的情况下，系统报警距离约为 100m，火灾报警时延 2 ~ 3s，报警时延小，符合设计要求。

该系统基于 CC1110 芯片的组网技术可以应用于多种环境中，且可兼容多种终端传感器产品。在实际应用中，可以根据客户的个性化需求进行系统配置和更新，并能够为其他控制设备和系统的扩展预留下软硬件接口。

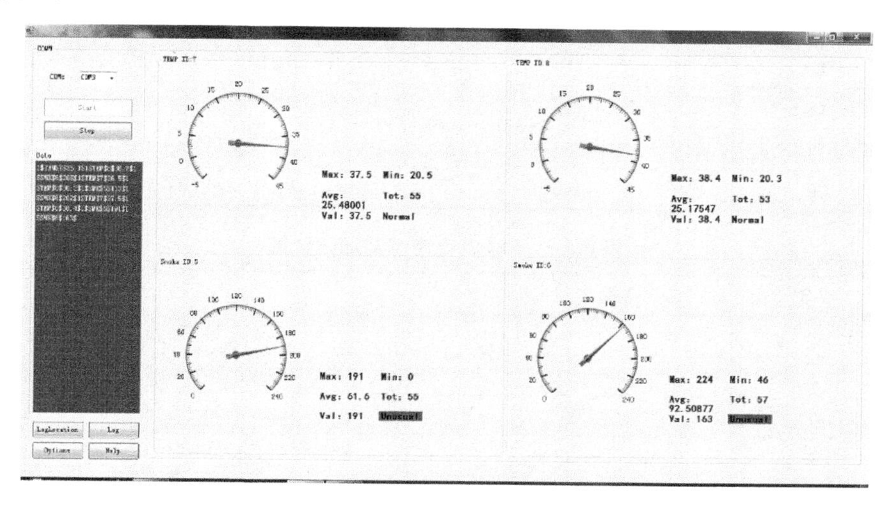

图 6.39　模拟火灾环境下系统测试界面

表 6.13　6 号烟雾传感器测试数据

序号	数值（mg/m^3）	时间
1	140	2021/3/24 19：51：55
2	156	2021/3/24 19：52：05
3	154	2021/3/24 19：52：14
4	160	2021/3/24 19：52：24
5	163	2021/3/24 19：52：43
6	162	2021/3/24 19：52：53
7	173	2021/3/24 19：53：03
8	191	2021/3/24 19：53：12
9	201	2021/3/24 19：53：22
10	224	2021/3/24 19：53：32
11	205	2021/3/24 19：54：40
12	202	2021/3/24 19：54：49
13	198	2021/3/24 19：54：59
14	192	2021/3/24 19：55：18
15	187	2021/3/24 19：55：28

续表

序号	数值（mg/m^3）	时间
16	164	2021/3/24 19：55：48
17	163	2021/3/24 19：55：57
18	158	2021/3/24 19：56：07
19	143	2021/3/24 19：57：15
20	140	2021/3/24 19：57：25

表 6.14　8 号温度传感器测试数据

序号	数值（℃）	时间
1	36	2021/3/24 19：51：55
2	37	2021/3/24 19：52：05
3	37	2021/3/24 19：52：14
4	38	2021/3/24 19：52：34
5	38	2021/3/24 19：52：44
6	38	2021/3/24 19：53：13
7	39	2021/3/24 19：53：33
8	39	2021/3/24 19：54：41
9	40	2021/3/24 19：54：51
10	40	2021/3/24 19：55：01
11	40	2021/3/24 19：55：10
12	41	2021/3/24 19：55：20
13	41	2021/3/24 19：55：30
14	42	2021/3/24 19：55：40
15	42	2021/3/24 19：55：59
16	42	2021/3/24 19：56：09
17	42	2021/3/24 19：57：08
18	41	2021/3/24 19：57：18
19	41	2021/3/24 19：57：27
20	41	2021/3/24 19：57：37

同时，该系统采用了低功耗、小型化的射频芯片和单片机，可通过设置实现系统的低功耗管理，具有操作简便的优点。系统工作电流在 30mA 左右，而目前一般的 WiFi 模块工作电流都在 300mA 以上。通过系统测试，

系统的整体灵敏度高、实时性好。

此外，该系统根据高层建筑火灾报警的要求设计出符合要求的小型化无线传输模块，使组网灵活简便且方式多样，可以方便敷设在所测环境的各个位置。整个系统采用模块化设计，可根据所测环境的具体情况，灵活增减相应的分站，最大限度满足了实际高层建筑火灾监测应用中监测点不断变化的要求。同时，系统的上位机管理系统可同步进行开发，能够实时准确地提供监测数据。因此，该系统是一种实现高层建筑火灾实时监控、及时控制的有效技术。

6.3.2 系统试验

1. 试验平台的搭建

为了验证本书所设计的新型火灾报警系统的有效性，搭建如图6.40所示的系统试验平台。以60cm×60cm×80cm的箱子模拟高层建筑中的一个普通房间，房间（箱子）前方设置一个房间门，两侧设有窗口，进行试验的时候关闭门和窗。在下一次试验前，打开门和窗进行通风，使箱体内部环境与周围环境一致，以免前后试验间互相影响。试验前，将易燃的木材刨花从房间门放入房间（箱子）底部中央，四个火灾探测器安装到房间（箱子）顶部，并均匀布置。火灾探测器向监控平台传输数据，通过人机交互界面，上位机可以实时监测并显示该房间的火情情况。

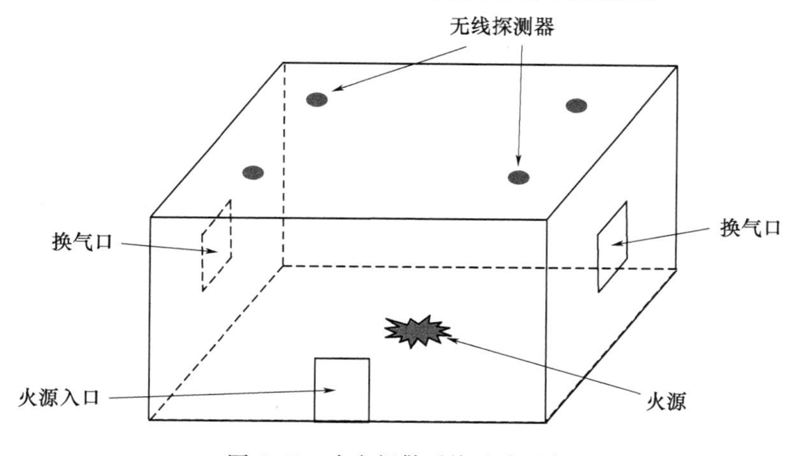

图6.40 火灾报警系统试验平台

2. 系统试验

系统试验在室内环境下进行，在试验过程中，首先在标准环境下对系统再次进行灵敏度校验。系统检测室温结果为20℃，与实际建筑室内温度一致。为了保证试验结果的准确性，试验前进行30min的开窗通风，系统监测的空气中烟雾颗粒浓度为50mg/m^{3}左右，监测结果与用专用检测仪监测的实际环境情况一致。随机选取烟雾传感器、温度传感器各一个，导出系统正常工作环境下的25组监测数据，见表6.15和表6.16。

表6.15　6号烟雾传感器试验前测试数据

序号	数值（mg/m^3）	时间
1	54	2021/11/2 20：04：03
2	55	2021/11/2 20：04：14
3	54	2021/11/2 20：04：24
4	54	2021/11/2 20：04：55
5	54	2021/11/2 20：05：05
6	54	2021/11/2 20：05：15
7	54	2021/11/2 20：05：26
8	54	2021/11/2 20：05：46
9	54	2021/11/2 20：06：07
10	54	2021/11/2 20：06：17
11	53	2021/11/2 20：06：27
12	53	2021/11/2 20：06：38
13	53	2021/11/2 20：06：48
14	53	2021/11/2 20：06：58
15	53	2021/11/2 20：07：08
16	53	2021/11/2 20：07：19
17	53	2021/11/2 20：07：29
18	53	2021/11/2 20：07：39
19	53	2021/11/2 20：08：10
20	54	2021/11/2 20：08：20
21	53	2021/11/2 20：08：31
22	54	2021/11/2 20：08：41

续表

序号	数值（mg/m³）	时间
23	54	2021/11/2 20：09：01
24	54	2021/11/2 20：09：22
25	54	2021/11/2 20：09：32

表 6.16　8 号温度传感器试验前测试数据

序号	数值（℃）	时间
1	20	2021/11/2 20：04：09
2	20	2021/11/2 20：04：18
3	20	2021/11/2 20：04：57
4	20	2021/11/2 20：05：07
5	20	2021/11/2 20：05：27
6	20	2021/11/2 20：05：37
7	20	2021/11/2 20：05：46
8	20	2021/11/2 20：05：56
9	20	2021/11/2 20：06：06
10	20	2021/11/2 20：06：26
11	20	2021/11/2 20：06：35
12	20	2021/11/2 20：06：45
13	20	2021/11/2 20：06：55
14	20	2021/11/2 20：07：05
15	20	2021/11/2 20：07：14
16	20	2021/11/2 20：07：24
17	20	2021/11/2 20：07：44
18	20	2021/11/2 20：07：54
19	20	2021/11/2 20：08：03
20	20	2021/11/2 20：08：13
21	20	2021/11/2 20：08：23
22	20	2021/11/2 20：08：33
23	20	2021/11/2 20：08：42
24	20	2021/11/2 20：08：52
25	20	2021/11/2 20：09：02

在系统的选项中，预先设定当系统判定该建筑室内环境发生火灾异常的可能性大于50%时，系统自动进行声光报警。

点燃火源，在试验火条件下，观测系统运行情况。10s后系统的监测结果如图6.41和图6.42所示，此时系统未报警。15s后系统开始发出微弱

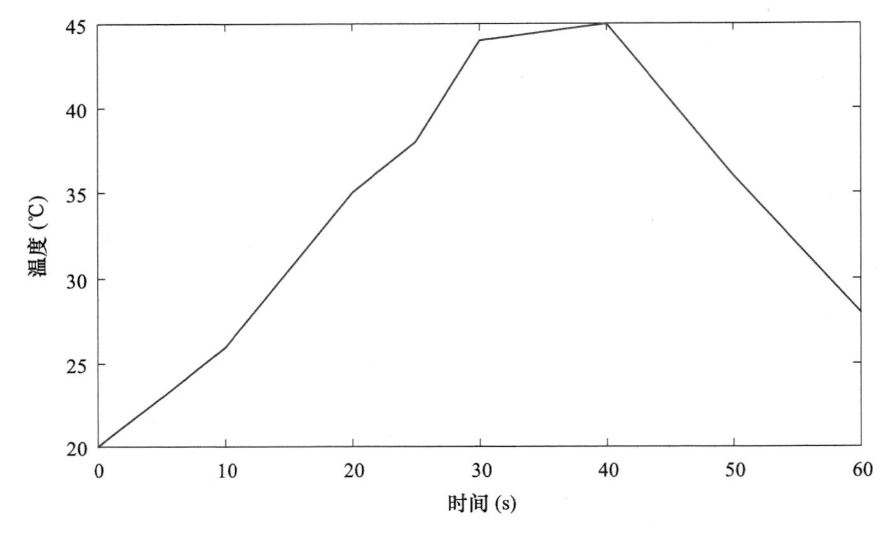

图6.41　温度变化系统监测结果

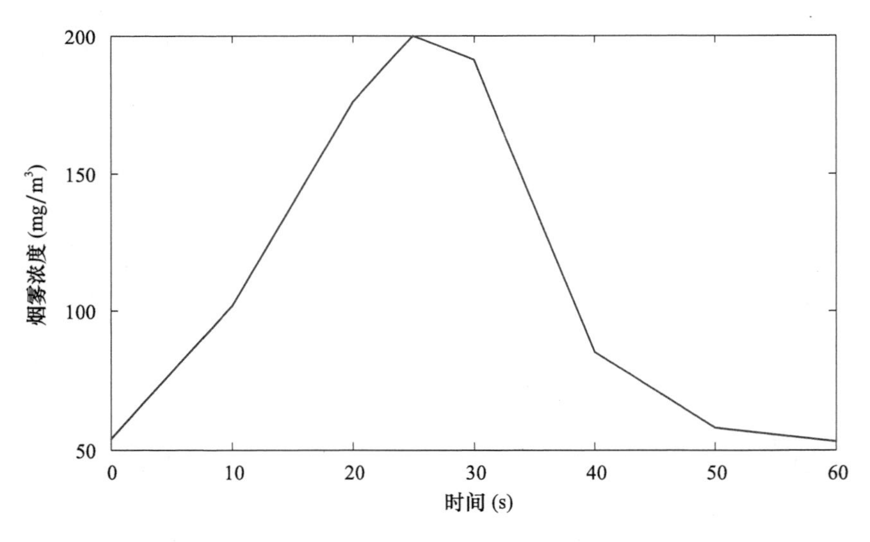

图6.42　烟雾浓度变化系统监测结果

声光报警信号，表明火灾可能已经发生。20s 后系统发出强烈声光报警信号，表明火灾肯定已经发生。30s 后系统持续发出强烈声光报警信号，表明火情持续恶化，必须尽快组织扑救。40s 后系统声光报警信号减弱，表明火情减弱，此时，燃烧已经基本结束，烟雾浓度明显下降，温度仍然较高。60s 后系统声光报警信号消失，系统逐渐恢复正常。系统监测结果如图 6.41 和图 6.42 所示。

为便于对比分析，采用传统的阈值报警算法进行同样的试验，设置温度异常限值为 43℃，烟雾浓度异常限值为 150mg/m^3。试验结果发现，20s 后系统才发出微弱的声光报警信号，报警时间比新型火灾报警系统明显滞后。

同时，由图 6.41 和图 6.42 的监测结果可以发现，如果采用单一的烟感或温感探测器进行报警，则存在明显的不足。例如，以图 6.41 温度变化系统监测结果为例，燃烧已经进行了约 20s，但室内环境温度依然较低，系统并不会发出报警，因此，如果是在实际火灾中，当系统发出报警时，可能火灾早已大面积蔓延开了。而如果采用单一烟感探测器进行报警，以图 6.42 烟雾浓度变化系统监测结果为例，由于燃烧比较充分，所以 40s 后烟雾浓度明显降低，系统报警解除，但实际上火情可能并没有得到完全控制。

3. 试验结果分析

试验结果表明，本书设计开发的基于 SVR 算法的高层建筑无线复合式火灾报警系统的数据采集实时正确，报警及时准确。

据调查，采用目前现有的无线火灾自动报警系统和报警算法，在建筑物内部，距离小于 100m 时，系统误报率约为 5%。而测试和试验表明，本书设计开发的新型火灾自动报警系统，通过 50 次点火模拟试验，系统只出现 1 次误报情况，系统误报率小于 2%，无漏报等情况。因此，与现有报警系统相比，该系统的整体可靠性高。

精确的火灾报警系统是避免高层建筑火灾危害的重要举措，其可以在火灾发生初期就及时报警，将火灾及时控制或消除在起始阶段。该新型无线复合式火灾报警系统采用最新的无线通信技术，无需布线，施工与维护简单，弥补了传统有线火灾自动报警系统施工与维护复杂的不足。同时，系统软硬件设计及报警算法优化，大大提供了系统报警的准确性和可靠性，克服了现有无线火灾自动报警系统功耗大、误报率较高的缺点。高层建筑本身的特殊性导致其火灾防控的困难性，而该系统操作简单、布设灵活，非常适合用于高层建筑或其他民用建筑火灾的监测和报警。

7

建筑火灾应急疏散研究

火灾风险评估是目前预防城市建筑火灾的重要手段。如前所述，针对潜在火灾风险较大的城市建筑，如何在火灾发生后，尽可能将火灾带来的人员伤亡和财产损失降到最低程度，除了精确及时的火灾报警，还需要进一步研究城市建筑火灾的应急疏散及逃生。本章以高校学生宿舍火灾、高层建筑火灾及城市地下商业综合体火灾为例，分别进行火灾应急疏散的模拟研究。

7.1 高校学生宿舍火灾应急疏散模拟

7.1.1 应急疏散模拟的基本思想

关于高校学生宿舍火灾人员应急疏散的研究，是一个涉及疏散人群、建筑结构、起火原因、着火点、火势发展，以及一切可能发生的突发情况的复杂问题。本书利用疏散软件对上述影响因素进行探讨研究，例如，以人员应急疏散基本思想为切入点，对人员应急疏散做探讨分析。

高校学生宿舍火灾安全疏散的全过程是指，从灾害发生，到人员逃生至非危险区域，使人员解除受到灾害威胁的全过程。当高校宿舍发生着火时，受影响人员是否能够成功逃生主要受两个特征时间决定，即从大火开始到危及人身安全的可用疏散时间 T_{ASET} 和所有受影响人群从受灾区域疏散到安全区域的所需疏散时间 T_{RSET}。一般认为，如果在火势发展到威胁人身安全前，所有的受灾人员都能从火险区域疏散到安全区域，则表示该建筑的疏散结构设计和防火设计是符合要求的，此描述可表示为 $T_{ASET} > T_{RSET}$。由上述研究可得知，T_{ASET} 和 T_{RSET} 相差越大，人员应急疏散的成功性就越高。所以，在进行应急疏散设计时，应尽量使 T_{ASET} 延长，使 T_{RSET} 缩短。

1. 可用疏散时间

可用疏散时间是指火灾态势从开始发展到威胁人身安全所需的时间。在不考虑人为因素的情况下，例如应急疏散时出现人员踩踏情况，只要在 T_{ASET} 内完成人员的疏散，通常是不会造成较为严重的伤亡事故的，因此火灾态势的发展速度是 T_{ASET} 的决定因素。

2. 所需疏散时间

所需疏散时间 T_{RSET} 主要分为三个阶段，即从火灾发生到灾情被人员发现，此段时间称为疏散前的感知时间，计为 T_d；从人员觉察到灾害发生再到开始逃生，此段时间称为疏散的准备时间，计为 T_p；从开始进行逃生活动到最后全部疏散至安全区域，此段时间称为疏散的运动时间，计为 T_s。其中，疏散前的感知时间主要受建筑内的火灾报警系统的影响，表现在火灾报警系统能否在灾情发生后迅速发出警报并被人员觉察到；受人员特性影响较大的是疏散的准备时间，这个阶段主要影响因素是受灾人群的男女比例、年龄大小、人员个数、身体素质及文化水平等，不同的情况，疏散前的准备时间差异较大；疏散的运动时间会受到疏散人员的运动能力、疏散动员能力及建筑疏散结构等影响，这一阶段直接决定了受灾人群能否被成功疏散至安全区域。

（1）疏散前的感知时间 T_d 可表示为

$$T_d = \frac{RTI}{\sqrt{\mu_{max}}}\ln\left(\frac{T_{max} - T_0}{T_{max} - T}\right) \tag{7.1}$$

$$\begin{cases} \mu_{max} = 0.197Q^{\frac{1}{3}}H^{\frac{1}{2}}r^{\frac{5}{6}}, & r > 0.15H \\ \mu_{max} = 0.946(Q/H)^{\frac{1}{3}}, & r \leqslant 0.15H \end{cases}$$

式中：Q 为火源的热释放速率；r 为火灾探测器至建筑屋顶的距离；T 为火灾探测器的感应温度；RTI 为火灾探测器的特征响应指数。

（2）疏散的运动时间 T_s 可表示为

$$T_s = 0.68 + 0.081 \times P \times 0.73 \tag{7.2}$$

式中：P 为单位有效宽度楼梯承担人数。

（3）全部受灾人员由火灾危险区域疏散至安全区域所需的安全疏散时间 T_{RSET} 可表示为

$$T_{RSET} = T_d + T_p + T_s \tag{7.3}$$

由于疏散成功的剩余可用时间相对而言不好通过计算得出，在一般情况下具有非确定性，但是人群疏散的运动时间的多少跟全部人群是否能够被安全疏散有着直接的联系，所以能对可用疏散时间进行修正。

$$T_{RSET} = T_d + T_p + \alpha T_s \tag{7.4}$$

式中：α 为修正系数，且 $\alpha \geqslant 1$。

火灾态势发展过程与受灾人群疏散时间的关系如图 7.1 所示。

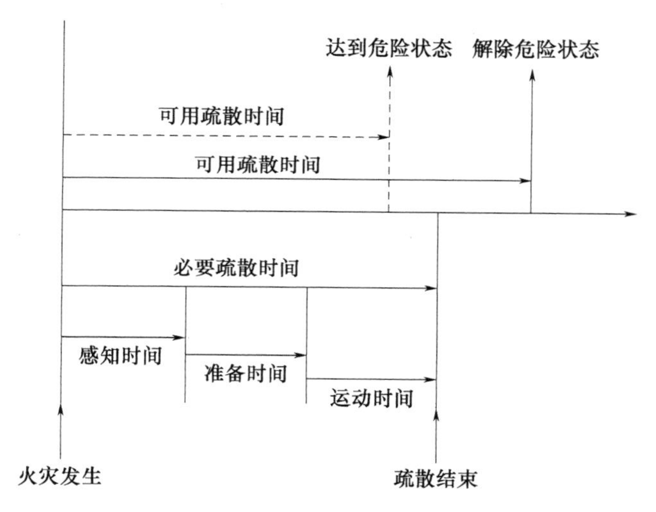

图 7.1 火灾态势发展过程与受灾人群疏散时间的关系

7.1.2 Pathfinder 疏散模拟软件

Pathfinder 由美国 Thunderhead Engineering 公司开发，是基于连续模型（Agent-based），再结合计算机图形学中的仿真模拟技术以及游戏领域的相关技术，并且引入三角网格理念的一款关于人员运动的仿真模拟软件。Pathfinder 的设计理念是将障碍物在二维网格组合而成的三维模型中以缺口的形式表示出来，人员疏散过程就是通过该缺口的过程。所以，人员逃生的行为就会被表示为在这个导航网格空间上做线性运动。Pathfinder 疏散仿真软件之所以被人们重视，是因为其模拟图形直观简洁，模拟结果清楚明晰，操作系统功能全面。该软件一直被广泛应用于各类应急疏散模拟研究中。

Pathfinder 软件主要具有以下可操作性及优点：

(1) 该软件可以根据实际情况，自行定义人员模型及其疏散行为特点。例如，人员的年龄分布、性别占比、肩宽，灾情发生后人员反应时间的长短，开始疏散后人员逃生速度的快慢，以及逃生路径的选择。

(2) 该软件可设定火灾报警器发出警报后人员应急反应的时间参数，即式（7.4）提到的修正系数 α。

(3) 该软件能够对不同疏散人群的疏散行为特征进行智能设定，并且默认解释最短疏散逃生路径。

(4) 该软件能够通过三维动画的形式向人们直接展示模拟出的人群疏散的场景。

(5) 该软件能够将建筑物的每个区域通过特定方式分解开，能够分别同时展示出每个区域内的人群疏散路径。

(6) 该软件能够单独模拟多个群体中的某个群体的单个个体的运动轨迹，因此，能够较为精准地给出每一个个体的逃生时间和逃生的移动路径。

(7) 该软件与 Auto CAD 及 Revit 模型的格式文件相互适配，能够将上述两种软件所出图纸或者所搭建的模型直接导入至该软件中，快速构建 Pathfinder 疏散模型，大大节约了重复建模的时间。

根据以上 Pathfinder 相关特点及第四章风险评估中已经对目标案例的 Revit 建模，本章采用 Pathfinder 作为高校学生宿舍火灾人员疏散模拟软件。在 Pathfinder 中，SFPE 模式和 Steering 模式是人员仿真模拟的最基本的两种运动形式。SFPE 模式的主要依据是利用人员的行走距离来选择逃生疏散路径，该模式意味着受灾人群会选择距离最近的出口作为逃生出口，另外，软件会根据仿真环境中的空间内人群密度智能计算出逃生人群的运动速度。Steering 模式则是通过逃生路径的指导机制和碰撞处理来实现对逃生人群运动的控制，即当逃生人群之间的距离或者到从最近出口逃生的路径超过某一特定阈值时，软件就会智能计算新的逃生路线，从而达到对当前环境的重新适应。两种模式相对而言，后者更符合实际情况。考虑到宿舍火灾发生后，人员在紧急的情况下会出现疏散路线拥挤的现象，所以本章采用 Steering 模式进行仿真模拟，在此基础上搭建高校学生宿舍火灾人群应急疏散模型。

7.1.3 Pathfinder 模型的搭建

1. 模型的搭建

先利用 Revit 对目标案例进行建筑信息模型搭建，再将 Revit 格式文件导入 Pathfinder 软件中。因为 Pathfinder 不能直接支持 Revit 的 RVT 格式文件，所以需要将文件格式转换为 DXF 格式，从而实现 Revit 和 Pathfinder 的相互链接。将建好的建筑 BIM 模型导出为 DXF 格式文件，然后再将其导入 Pathfinder 软件中，可以直接得到某高校学生宿舍楼的疏散模型，如图 7.2 所示。

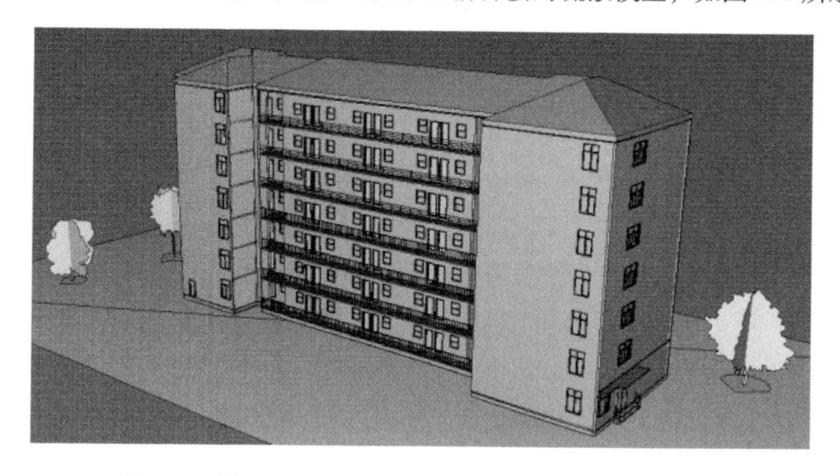

图 7.2 导入 Pathfinder 后的某高校学生宿舍楼疏散模型

在进行疏散模拟过程中，为了使疏散模型更为直观与通透，能够直接观察到虚拟人群的运动状态和路径，可将模型中的不必要构件都进行删除处理，例如外墙、柱等外围护构件，只保留该模型的平面布局。另外，根据实际情况对门、楼梯、电梯等构件进行一一布置，并且根据模拟假设设定建筑内的受灾人数，最终形成应急疏散模型，如图 7.3 所示。

2. 约束参数的设置

疏散人群的参数设定：疏散人群的参数设置由人员的身体宽度和疏散时逃生的运动速度两个部分组成。软件在进行应急疏散模拟时，会根据所设置人员身体宽度模拟出人群的拥挤现象。因此，人员身体宽度这一参数会明显影响到人群的疏散距离，人员疏散的运动速度会对人员疏散所需要的时间造成一定的影响。

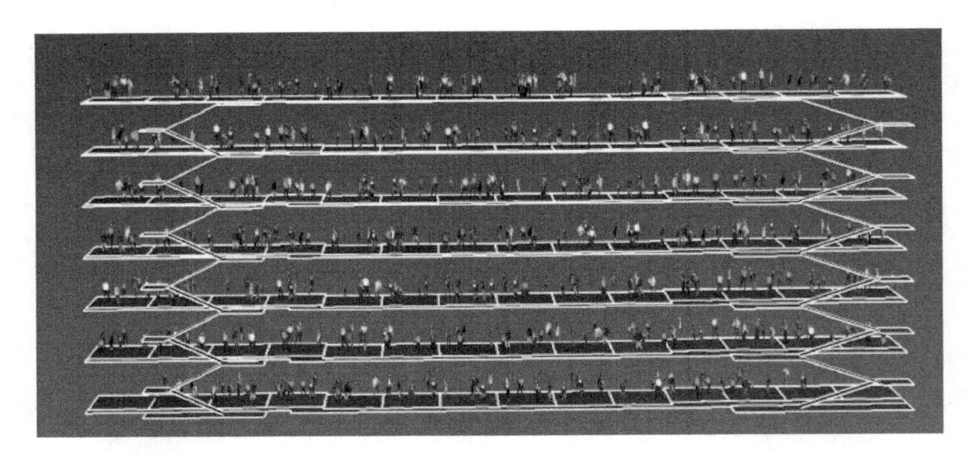

图 7.3 Pathfinder 应急疏散模型

火灾报警时间设定：一般情况下，发现火情的方式有两种，一种是人为通过视觉、嗅觉等感官观察到火情的发生，另一种是通过火灾报警器发现火情。该案例学生宿舍楼安装的是烟感探测器，根据过往事故情况和现场试验结果，将从火灾发生到灾情被人员发现这段疏散前感知时间设定为 1min，即 $T_d = 60s$。

在发生火情时，由于人员所在的位置、建筑物本身的结构以及人员逃生的情况各有不同，所以人员从发生火灾到发现火灾的时间也有较大差异。在英国标准 Bs DD240《建筑火灾安全工程》中，按照建筑类型和火灾消防报警系统的不同，提出了不同响应时间。该案例为高校学生宿舍，是学生在校内活动时间较长的主要场所之一，所以学生对其宿舍内的建筑结构及疏散通道、消防设施等都相对了解。根据建筑内的人员特点，这里假设学生从发现火情到开始疏散时间为 0.5min，即 $T_p = 30s$。

由于需要对软件中的相关参数进行设定，本书主要采取参考相关文献[64]和现场测量试验的方法，最终设定人员在疏散时的逃生速度为 1.19m/s，学生的平均肩宽为 46.5cm。为模拟平时休息时间，学生较为分散地分布在宿舍内部。根据学生日常在宿舍内的生活习惯相对随机自由的情况，将人员在房间内的排列设定为随机位置（random placement），使人员随机地分布在宿舍房间里。在疏散路径的选择上，确定为随机疏散，即前往任意出口（go to any exit）。

疏散门及疏散通道的设定：宿舍单间内每一间房间设置一扇门，均处于开启状态，建筑单体内部两边设置两处单跑楼梯，一层设置疏散大门。

3. 模拟场景设置

1）某宿舍楼实际情况

根据现场调研及宿舍管理人员提供数据，得知该宿舍楼基本情况如下：该宿舍楼共 7 层，每层 14 个标准房间。其中，一层含 2 间配电室，1 间设备间，1 间宿管房间，其余均为学生住宿间。东西两侧各有 1 处安全对外出口，因管理人员有限，正常情况只开放东侧出口，封闭西侧出口。

宿舍楼配置学生特点：该宿舍楼为男生宿舍楼，日常火灾安全隐患较多。主要安排两个专业的学生混合住宿，满员配置 570 人，每间宿舍 6 人。其中，专业一 282 人，专业二 288 人。另外，专业一的学生课程较多，上课时间基本不在宿舍，而专业二的学生课程较少，平时在宿舍时间较多。

2）模拟场景设计

根据宿舍楼的实际使用和管理现状，设计以下模拟场景。

场景一：封闭西侧出口，仅开放东侧出口，人流量按最大时即满员时进行模拟。

场景二：在场景一的人流量设计基础上，同时开放两侧出口。

场景三：封闭西侧出口，仅开放东侧出口，两个专业的学生混合居住，按正常上课时间安排。假设此时专业一的学生在宿舍人数为 0，专业二的学生在宿舍人数为 3 人/间。

场景四：在场景三的基础上，尽可能将专业一的学生安排在高层，专业二的学生安排在低层。

场景五：在场景三的基础上，尽可能将专业一的学生安排在低层，专业二的学生安排在高层。

4. 模拟结果与分析

经过 Pathfinder 对多个场景的模拟，得出人员疏散数据，如图 7.4 所示。

根据上述结果可知，疏散时间最长的是正常学生宿舍满员且只开一个出口的情况，需要 536s 才能完全成功疏散；当两个出口同时开放时，疏散时间为 327s。由此可见，开放多个对外疏散出口能够大幅度减少人员疏散时间，为消防救援争取更多的机会。

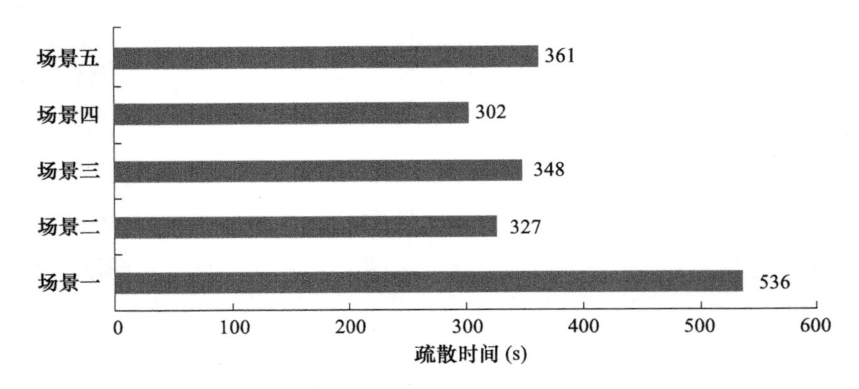

图 7.4　各模拟场景疏散时间

在两个专业的学生混住，且仅开放一个出口的前提下，能够通过模拟将在宿舍活动比较多的专业或者年级安排在低层，将不常在宿舍活动的专业或者年级安排在高层，这样的安排会使得疏散时间减少，更有利于宿舍的火灾应急管理工作。

7.2　高层建筑火灾应急疏散模拟

由于城市高层建筑中人员密度大，火灾应急疏散尤为重要。这里以某高层住宅楼为例，对其进行火灾应急疏散模拟分析。该建筑共 26 层，层高 3m，每层 4 户，每层有两个安全出口，两部客用电梯，两个疏散楼梯，楼梯段净宽度为 1.5m。建筑平面为对称布置，如图 7.5 所示[65]。

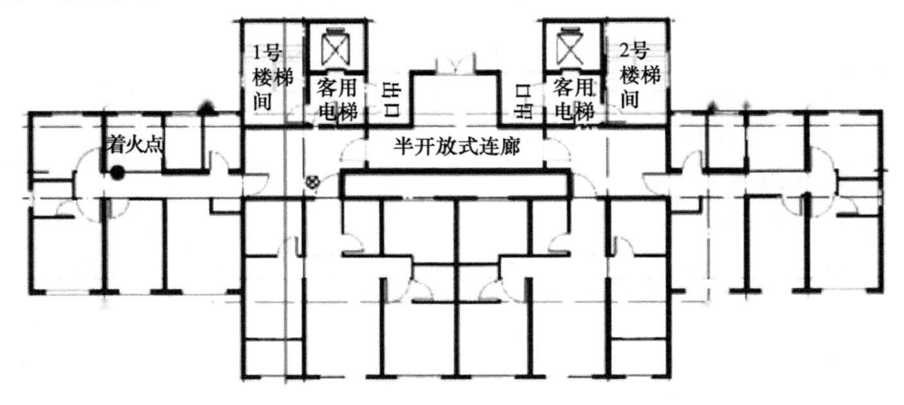

图 7.5　某高层建筑标准层平面图

采用Revit建立高层建筑的建筑信息模型。在人员疏散模型构建中，先创建各楼层平面，再根据Revit模型中楼梯、电梯及门的属性在Pathfinder相应位置处添加这些构件，之后隐藏导入图像并仅保留各楼层平面布局，形成高层住宅建筑的初始疏散模型[66]。在初始模型中，设置人员属性、数量、位置，以及电梯载客量、初始停靠层、加速度和最大速度等参数，构建该高层建筑的火灾人员应急疏散模型。

在Pathfinder中，设置相关参数如下。疏散场景时间选取白天和夜晚两种；白天每户疏散人员以1人计，整栋住宅建筑的疏散总人数为104人；夜晚每户疏散人员以3人计，疏散总人数为312人。这里将疏散人员分为儿童、成年女性、成年男性、老人四类，见表7.1。

表7.1 高层建筑疏散人员情况

人员类型	白天（夜晚）人员占比（%）	速度（m/s）	肩宽（cm）
成年男性	25（40）	1.55	58
成年女性	25（40）	1.35	52
儿童	25（10）	0.75	45
老人	25（10）	1.10	54

考虑到1号和2号楼梯间达到各项临界危险值的时间不同，因此设置两种疏散路径：人员可自由选择疏散楼梯逃离火场；根据已知资料，火灾中1号楼梯间能见度在89s下降到临界危险值之下，所以89s前1号楼梯可作为疏散通道，89s后仅2号楼梯可作为疏散通道。结合白天和晚上两种疏散情况，设计4种火灾应急疏散场景，见表7.2。

表7.2 疏散场景设置

场景类型	描述
场景一	（白天）人员可以自由选择疏散楼梯进行疏散
场景二	（白天）人员在89s前可以自由选择楼梯进行疏散，89s后仅2号楼梯可作为疏散通道
场景三	（夜晚）人员可以自由选择疏散楼梯进行疏散
场景四	（夜晚）人员在89s前可以自由选择楼梯进行疏散，89s后仅2号楼梯可作为疏散通道

如前所述，建筑物发生火灾后，是否可以安全地将人员撤离到安全区域，取决于人员所需安全疏散时间（T_{RSET}）和人员可用安全疏散时间

（T_{ASET}）。当 $T_{RSET} < T_{ASET}$时，表示人员可以安全疏散。反之，则表示建筑物内部的人员不能安全疏散，所需安全疏散时间计算见式（7.3）。

火灾模拟表明，着火点区域在 20s 时能见度达到临界危险值，1 号楼梯在 89s 能见度达到临界危险值。建筑存在半开放式连廊，使得 2 号楼梯在 600s 的仿真时长内一直处于安全状态，整栋建筑的可用安全疏散时间取 2 号楼梯间到达临界危险值的时间 600s。设定烟雾传感器报警时间（T_d）为 20s，待疏散人员在收到报警时间后的反应时间（T_P）为 40s。采用 Pathfinder 软件进行模拟分析，各疏散场景下的人员疏散运动时间模拟结果如图 7.6 ~ 图 7.9 所示。

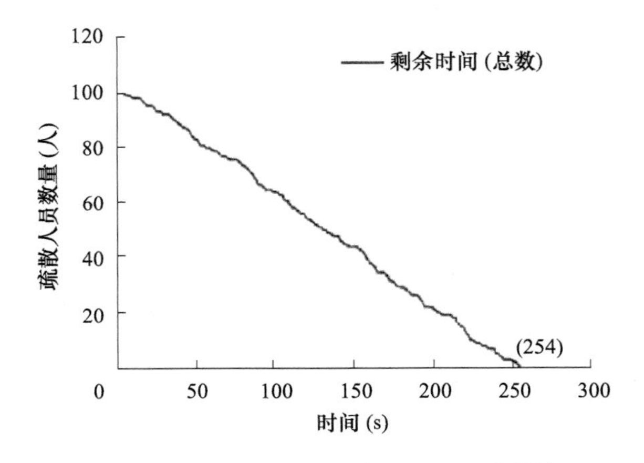

图 7.6　场景一的疏散人数—时间变化曲线

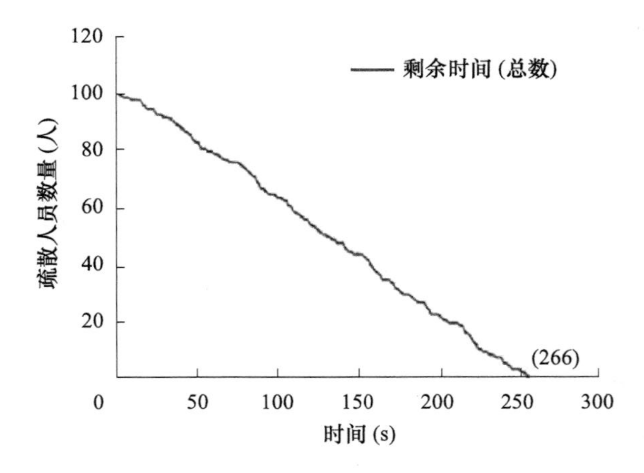

图 7.7　场景二的疏散人数—时间变化曲线

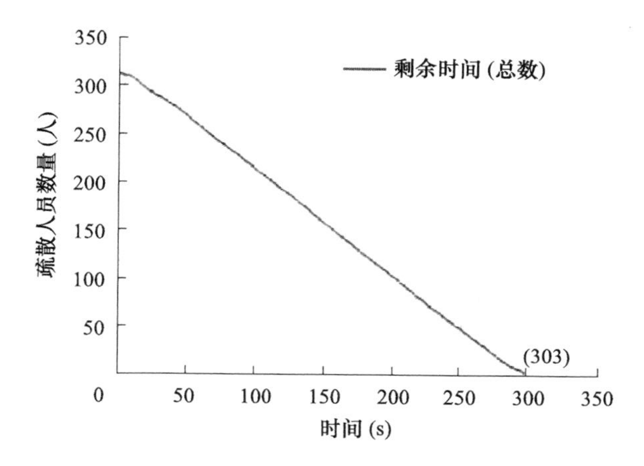

图 7.8 场景三的疏散人数—时间变化曲线

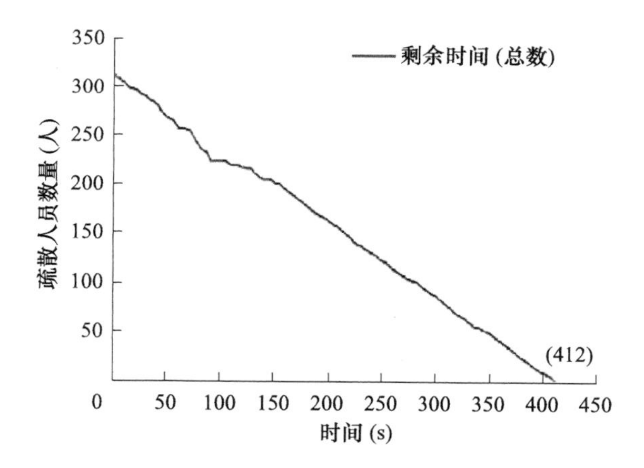

图 7.9 场景四的疏散人数—时间变化曲线

各场景的疏散安全性判定结果见表 7.3。

表 7.3 疏散安全性判定

场景类型	所需疏散时间 T_{REST}（s）	可用疏散时间 T_{ASET}（s）	安全性
场景一	314	600	安全
场景二	326		安全
场景三	363		安全
场景四	472		安全

研究结果表明，在白天，该高层住宅内所有人员完成疏散所需最长时间为326s；在夜晚，高层住宅内所有人员完成疏散所需最长时间为472s；各场景在火灾仿真过程中所需疏散时间均小于可用疏散时间，因此总体情况安全。

但鉴于高层建筑安全疏散允许时间一般按5～7min考虑，如果可用疏散时间设为6min，则显然在场景三和场景四两种情况下，即晚上高层住宅内人员在可用安全疏散时间限值内不能够完全疏散。

为分析疏散过程中人员及空间特性，以标高1.5m休息平台通往标高0m地面楼梯梯段为对象，进行模拟分析，图7.10为场景一的楼梯段人员疏散动态曲线。

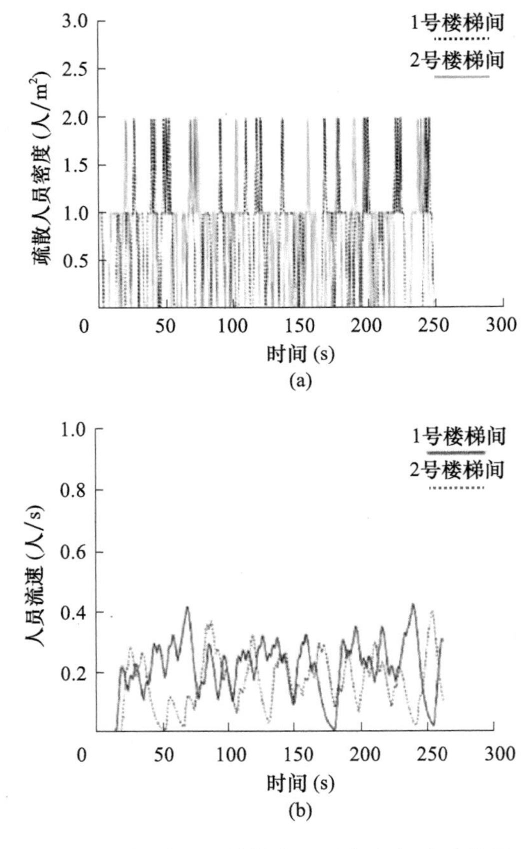

图7.10 场景一的楼梯段人员密度与流速曲线

（a）楼梯时间—人员密度曲线；（b）楼梯时间—人员流速曲线

由图 7.10 的模拟结果可知，在整个疏散过程中，场景一中的 1 号和 2 号楼梯间的人员密度为 0～2.0 人/m^2，表示该梯段人员密度较小，人员疏散通畅；1 号楼梯间在 18s 之前人员流速一直处于增长状态，达到 0.21 人/s，18s 之后人员流速呈现波谷状态，在 240s 达到最大值 0.43 人/s；2 号楼梯间在 25s 之前人员流速一直处于增长状态，达到 0.28 人/s，25s 之后人员流速呈现波谷状态，在 254s 达到最大值 0.40 人/s。

图 7.11 为场景三的楼梯段人员疏散动态曲线。

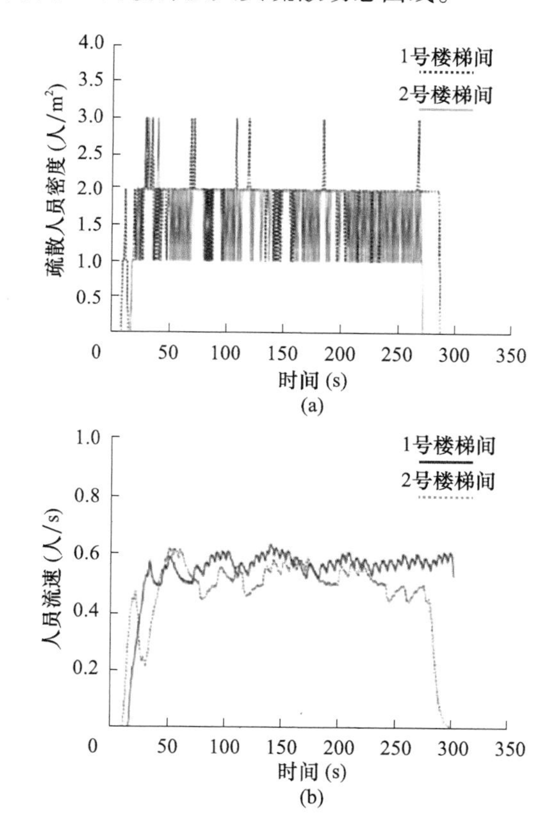

图 7.11 场景三的楼梯段人员密度与流速曲线

（a）楼梯时间—人员密度曲线；（b）楼梯时间—人员流速曲线

由图 7.11 的模拟结果可知，在整个疏散过程中，场景三中的 1 号和 2 号楼梯间的人员密度为 1.0～2.0 人/m^2，短时间内为 2.0～3.0 人/m^2，表示该梯段人员密度较小，人员疏散通畅；1 号楼梯间在 34s 之前人员流速一直处于增长状态，达到 0.57 人/s，34s 之后人员流速呈现波谷状态，在 141s 达到最大值 0.63 人/s；2 号楼梯间在 21s 之前人员流速一直处于增长状态，达到 0.45 人/s，21s 之后人员流速呈现波谷状态，在 51s 达到最大值 0.62 人/s，275s 后人员流速开始快速下降。

图 7.12 为场景四的楼梯段人员疏散动态曲线。

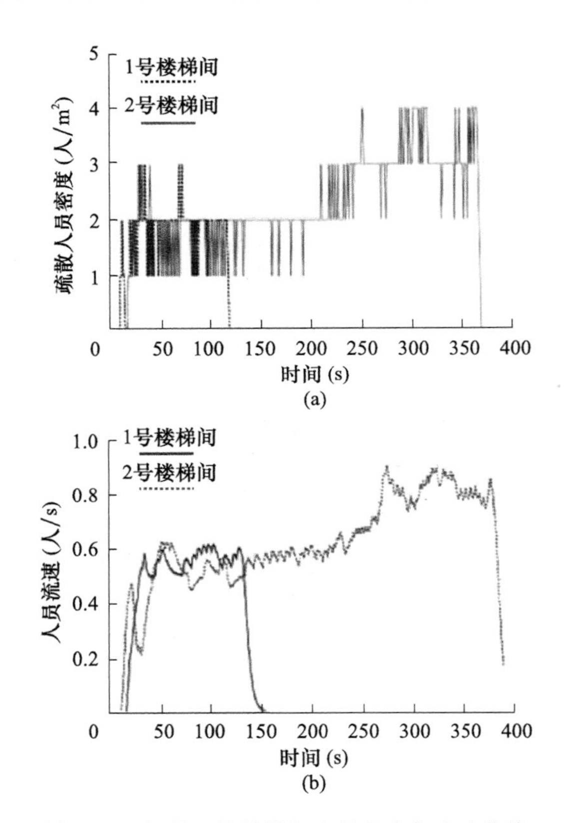

图 7.12　场景四的楼梯段人员密度与流速曲线

（a）楼梯时间—人员密度曲线；（b）楼梯时间—人员流速曲线

由图 7.12 的模拟结果可知，场景四中的 1 号楼梯间在 27 ~ 75s 时长内人员密度为 2.0 ~ 3.0 人/m^2，表示该梯段人员密度较大，已经发生拥堵且局部拥堵较严重；其他时间段人员密度为 1.0 ~ 2.0 人/m^2，表示该梯段人员密度较小，人员疏散通畅；2 号楼梯间楼梯梯段在 207s 之前人员密度为 1.0 ~ 2.0 人/m^2，表示该梯段人员密度较小，人员疏散通畅；211 ~ 367s 人员密度为2.0~4.0人/m^2，表示该梯段人员密度较大，已经发生拥堵且局部拥堵较严重。1号楼梯间在34s之前人员流速一直处于增长状态，达到0.58人/s，34s之后人员流速呈现波谷状态，在99s达到最大值0.61人/s，130s后人员流速开始快速下降；2号楼梯间在50s前处于增长状态，达到0.61人/s，50s之后人员流速呈现波谷状态，在276s达到最大值0.9人/s，379s后人员流速快速下降。

对比场景一与场景四的模拟结果可以看出，两种场景中楼梯梯段均未出现疏散拥堵现象，场景四比场景一疏散时间多出158s的主要原因是疏散人数较多。对比场景三和场景四的模拟结果可以看出，场景四考虑89s后着火层1号楼梯间不再允许人员通过，使得1号楼梯间在115s人员密度降到0人/m^2，在158s人员流速降到0人/s，2号楼梯间在211s后较长一段时间内人员密度较大，疏散中较拥堵，因此，疏散时间比场景三多109s。

7.3 城市地下商业综合体火灾应急疏散模拟

城市地下商业综合体火灾应急疏散是当前城市建筑火灾应急救援的难点。本书选择某火灾风险等级较高的城市地下商业综合体建筑中人流量最大的防火分区作为火灾模拟研究对象，模拟验证其火灾发生时人员疏散的安全性。通过现场调查，该防火分区面积为1170m^2，设有2个安全出口，16个商业店面，并开有多家餐饮店铺，整个防火分区内设有5个防烟分区，每个防烟分区内有2个送风口和1个排烟口。

在FDS模拟中，网格越小，模拟结果通常越准确。但是过分追求小网格，会使得模拟计算量相应增大，导致模拟时间增长。结合文献资料[67-68]，本章选择将网格单元大小设置为0.33m×0.33m×0.33m，网格单元数量为199692个。该地下商业综合体为设有自动喷淋水系统的商场，结合实际情况，设置其火灾热释放速率为5000kW/m^2，燃烧面积为0.5m^2，火源位置如图7.13~图7.15所示。

为了使模拟结果更接近该建筑火灾的实际情况，设置3种火灾场景，3种火灾场景分别定义为F1、F2、F3。火灾场景F1选择着火点在两个疏散口附近，火灾场景 F2 选择着火点在商场中部，火灾场景 F3 选择着火点在商铺一侧深部。火灾场景模型如图 7.13～图 7.15 所示。

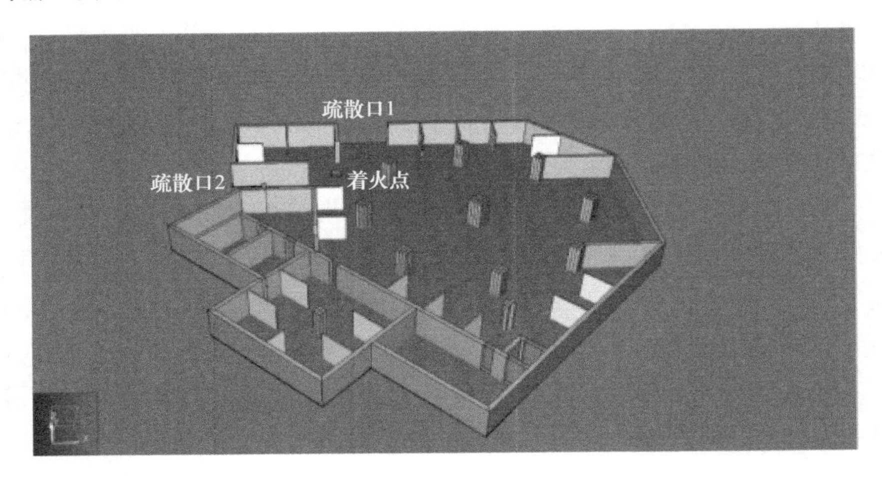

图 7.13　火灾场景 F1 模型

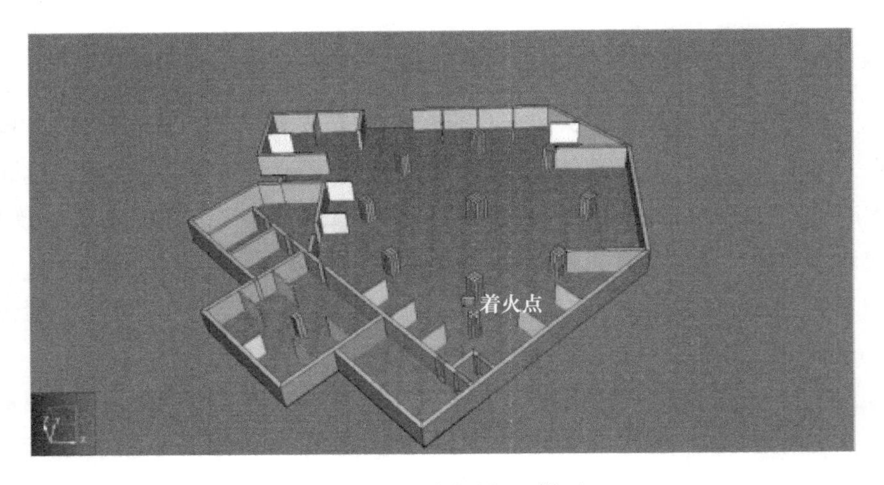

图 7.14　火灾场景 F2 模型

3 种火灾场景设置热释放速率为 5000kW，火灾载荷密度取值约为 480MJ/m^2。火灾发生后，通风措施开启，排烟口采用负压排烟，速率为 $v_p = 6$m/s，送风口的送风速率为 $v = 2.4$m/s。选取于地面 1.6m 处的能见度切片作为火灾风险评估参考，模拟过程如图 7.16～图 7.18 所示。

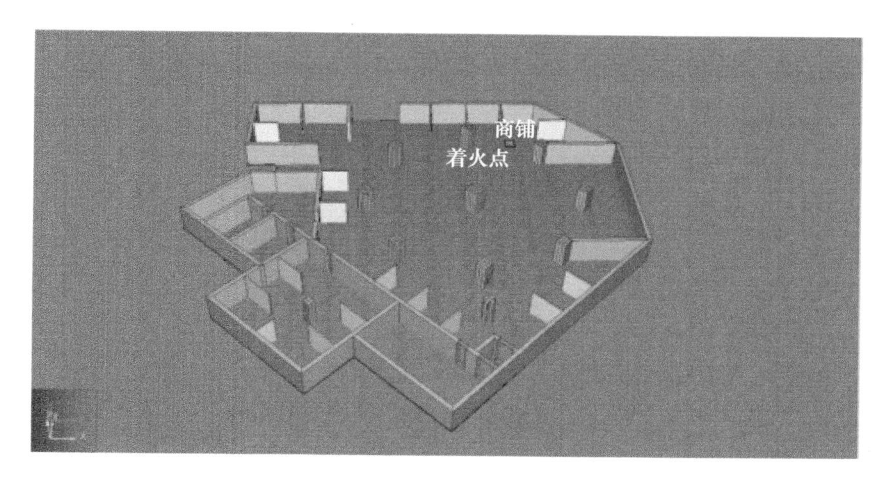

图 7.15 火灾场景 F3 模型

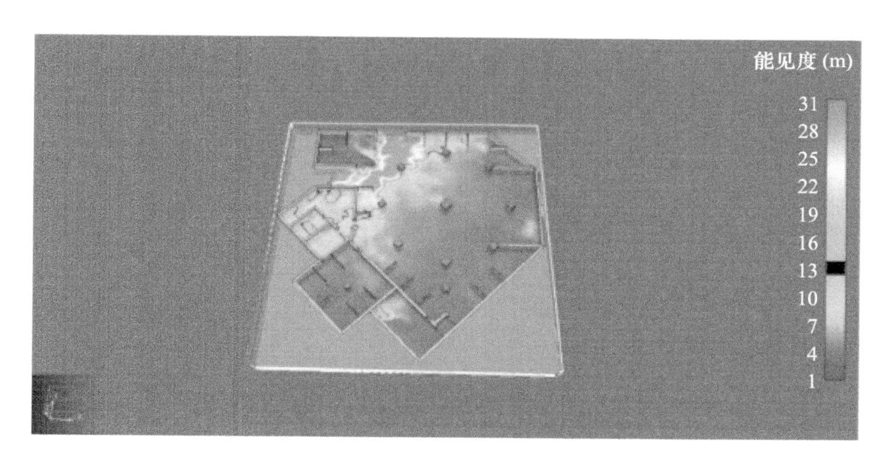

图 7.16 火灾场景 F1 高 1.6m 处 110s 时能见度分布

通过模拟，当能见度小于 4m 时，得到火灾场景 F1、F2、F3 的可用疏散时间分别为 124s、107s、116s。

如前所示，必要疏散时间由三部分组成，即感知时间、人员预动作时间和疏散运动时间，分别用 T_d、T_p、T_s 表示。参考已有地下商业综合体火灾人员疏散研究文献，取地下商业综合体感知时间 $T_d=38s$，人员预动作时间 $T_P=50s$。

利用人员疏散模拟软件 Pathfinder 进行模拟。经过实地调查，取周末人流量高峰时间的平均人数值 240 人作为该防火分区的模拟疏散人数。地下商业综合体人员构成、行走速度和肩宽尺寸情况见表 7.4。

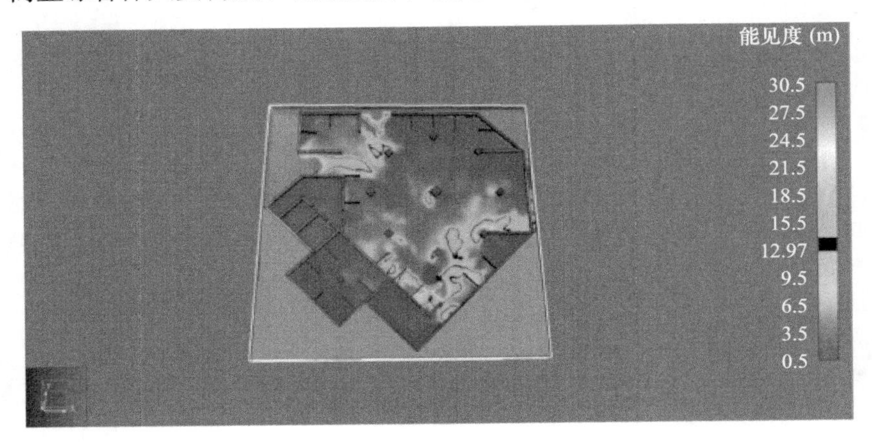

图 7.17　火灾场景 F2 高 1.6m 处 80s 时能见度分布

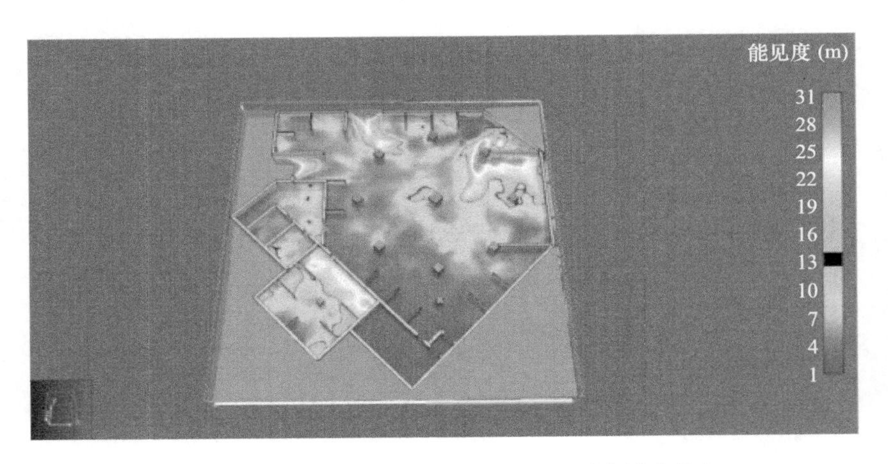

图 7.18　火灾场景 F3 高 1.6m 处 100s 时能见度分布

表 7.4　地下商业综合体人员疏散参数

人员类型	人员构成比例（%）	行走速度（m/s）	肩宽尺寸（cm）
成年女士	35	1.02	45
成年男士	35	1.2	50
老人	15	0.82	50
儿童	15	0.92	32

利用 Pathfinder 进行模拟分析，人员疏散模型和疏散运动时间如图 7.19、图 7.20 所示。

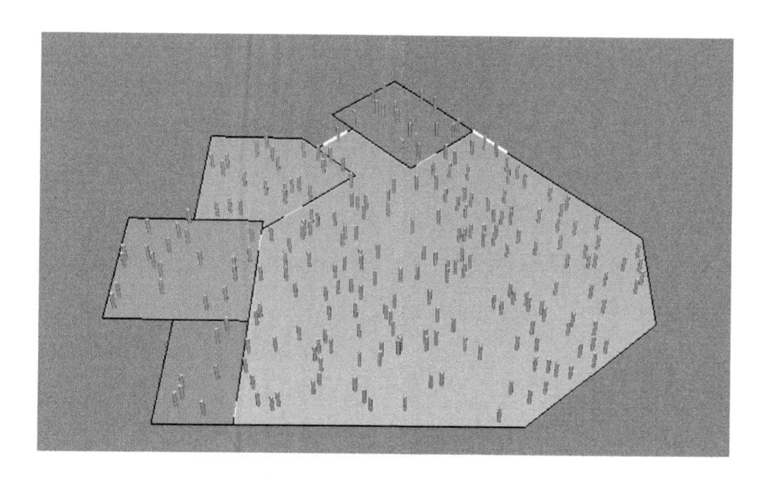

图 7.19 人员疏散模型

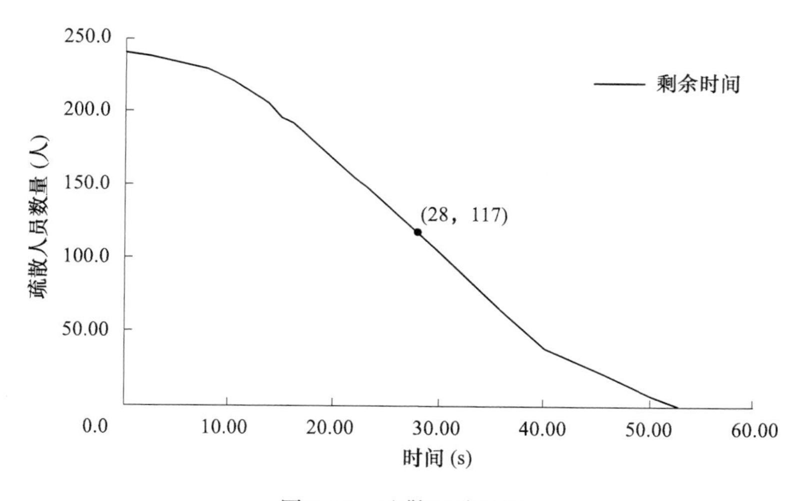

图 7.20 疏散运动时间

根据模拟可知，疏散运动时间为 52s，故所需疏散时间 $T_{REST}=38+50+52=140$（s）。

通过计算，可得到该城市地下商业综合体该防火分区火灾疏散的安全余量结果，见表 7.5。

表 7.5 该城市地下商业综合体火灾疏散时间统计

火灾场景	可用安全疏散时间（s）	所需安全疏散时间（s）	安全余量（s）
F1	127	140	-13
F2	107		-33
F3	116		-24

通过表 7.5 可以看出，在该建筑火灾场景 F1、F2、F3 中，可用安全疏散时间均小于所需安全疏散时间，安全余量分别为 -13s、-33s、-24s，表明 3 种场景下人员都不能及时疏散，安全度较低，表现为“风险等级高”。研究结果与该地下商业综合体火灾风险评估结果一致。

7.4 城市建筑火灾应急疏散逃生设施探析

研究发现，当城市建筑物发生火灾时，从消防人员得到报警信号到抵达火灾地点进行灭火，往往不可避免地存在一定时间差，再加之一些突发状况，如救援信息传达不顺畅、道路堵塞、场地狭小等问题，很可能延误救火时机，从而导致人员伤亡。同时，目前城市建筑灭火对建筑物自身消火栓的水量和水压依赖性较大，若消火栓无法正常使用，则会对灭火工作造成直接的影响。此外，数据表明，受制于装备所限，消防员从楼梯内灭火的高度一般不大于 23m，而举高消防车的最大工作高度一般不超过 100m。另外，目前我国大部分城市建筑除步行疏散楼梯和指示灯外，配备辅助逃生设施的很少。因此，配备火灾辅助逃生设施就显得尤为重要，有效的火灾辅助逃生设施可以使建筑内人员迅速逃离火场，从而最大限度地避免人员伤亡的发生。

目前，国内外城市建筑火灾疏散逃生设施大体可分为缓降绳索类、滑道类、升降类、滑翔飞行类等。

7.4.1 缓降绳索类逃生设施

典型的缓降绳索类建筑火灾逃生设施如图 7.21 所示，其主要由调速器、安全带、安全钩、钢丝绳或防火绳等组成。使用时，一般用安全钩将调速器悬挂在楼上某一固定位置，逃生者系上安全带，卷盘上绳索通过调速器在人体重力驱动下自动释放、缓慢下降。缓降绳索类逃生设备通常以工作原理或操作方式来细分。

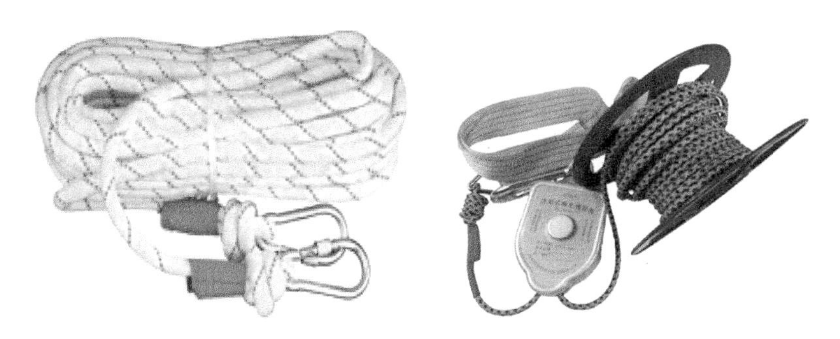

图 7.21 典型的缓降绳索类建筑火灾逃生设施

按工作原理区分，缓降绳索类逃生设施可分为摩擦式缓降器、阻尼式缓降器、电动控制式缓降器等。摩擦式缓降器由齿轮调速器和安全绳索组成。工作时，传动齿轮的转速按照一定的传动比逐级递增至驱动轮，使制动活块与摩擦块在离心力的作用下沿径向甩出，产生外张力，与制动盘发生旋转摩擦形成制动力，从而自动调节下降速度。负荷越大，制动活块的离心力越大，摩擦力也越大，因而，可使下降速度稳定在 1.5m/s 以内。

阻尼式缓降器是将人、物在重力场内下降时释放出的位能转变为其他形式的能，它往往通过运动机构在流体内（空气或液体）产生的阻力或电磁场中的阻力，限制悬吊人体的缓降绳索在合理速度范围之内下落。阻尼式缓降器无磨损、安全可靠、可连续重复使用，尤其适用于高层、超高层建筑发生灾害时单人与多人的自救逃生。

电动控制式缓降器是利用电能（往往为自带电源）提供所需的动力，由电动机驱动夹紧机构摩擦耐磨轴盘，控制绳索下降的速度，使得缓降器能够基本上匀速下降。另外，可以通过开关或者旋钮控制动力的输出，来调节逃生者下降的速度。

按操作方式区分，缓降绳索类逃生设施可分为自动控制速度缓降器和速度可变式缓降器。自动控制速度缓降器是现在大部分缓降器采用的一种速度控制方式。其通过各种组合机构的自动控制，使逃生者下降速度保持不变，并且下降速度是人体能够承受的安全速度，逃生者在逃生过程中无需任何操作去控制速度，便可安全到达地面。

速度可变式缓降器是指逃生者在逃生过程中，可以根据自身状况及环境情况自行调整下降速度。当周围环境有利于逃生时，可使下降速度变快，节省逃生时间。发生火灾时，时间就是生命，这也正是速度可变式缓降器的优势所在。

2009 年，凯文·斯通（Kevin Stone）发明的摩天大楼逃生轮如图 7.22 所示[69]。该设施是一种手持式缓降器，可自动或用手控制放出绳索，实现人体下降，曾被美刊评为年度十大发明之一。国内目前也有一些类似的缓降逃生设施和产品。

图 7.22　摩天大楼逃生轮

缓降绳索设备对个人逃生来说是很实用、方便的，也是高楼逃生中应用最多的一种逃生设施。但此类自救产品只适用于楼层较低的情况，需要健康成人进行一定的训练方可投入使用，且操纵难度较大。缓降绳索对人体没有外部保护，逃生者在火灾中易受到火苗、烟雾、障碍物等侵袭，同时，心理上对高度的恐惧和绳索的勒力都可能给逃生者带来伤害。另外，在下降过程中绳索容易发生翻转、碰撞、缠绕而使逃生者受到二次伤害，安全性较差。当在高楼同一位置上多人使用时，缓降绳索会发生缠绕现象，所以不适合多人同时使用，只可单人依次使用。该逃生设施存在老、弱、病、残、孕等弱势群体无法使用等不足，总体逃生效率较低。

针对上述不足，有学者提出了安全降落网逃生设施，如图 7.23 所示。

该尼龙网全长120m，发生火灾时，人们将安全网的一头绑牢，钻进网口，就可顺网缓慢落至地面。该设施相对于绳索类逃生设施安全性更高，但其并未从根本上解决缓降绳索类逃生设施的不足，实际使用效果还有待检验。

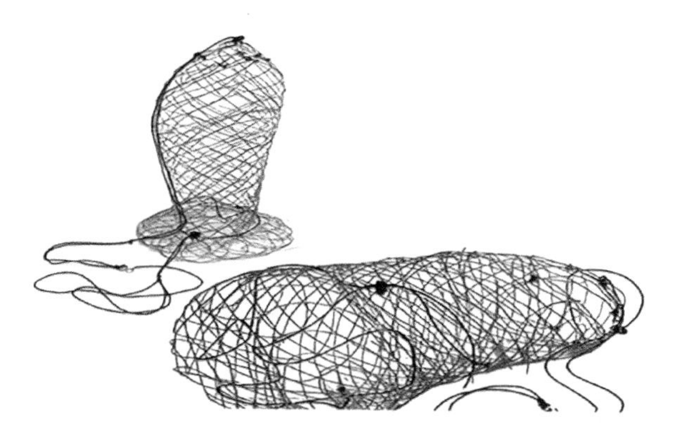

图7.23 安全降落网逃生设施

7.4.2 滑道类逃生设施

滑道类逃生设施是依靠摩擦力控制来限制人体下降速度，逃生者可以多人连续进入滑道快速逃生，适合火灾集体逃生。逃生滑道一直是建筑火灾逃生的一个有效手段，其不需要专门的训练，只要进入滑道就可以自动滑下，而且可以连续使用。滑道类逃生设施可用于学校教室、商业办公楼、医院病房等建筑。

目前，常见的滑道类逃生设施有滑管、滑槽等，均是利用一定的支撑器件，沿一定轨道进行下滑。其中，滑管为全封闭，如图7.24所示；滑槽一般不完全封闭，如图7.25所示。

早在1898年，国外就出现了滑道类火灾逃生设备的发明专利，目前，在美国专利商标局网站上，基于这种滑降原理的各种发明专利有几十项。国内学者刘柏林设计了由滑板、护板和梯盖组成的螺旋式刚性滑道，该滑道在对应的各层楼面护板处开有可以进入的活门，将活门置于各层楼面的走道处，以便人员逃生，但其总体结构与安装较为复杂[70]。

虽然刚性滑道可以连续供多人进行火灾逃生，但研究发现，刚性滑道占用空间较大，维护成本较高，加之滑行中人体没有保护，速度控制也较困难，安全保障不足，故逃生人员在下滑过程中容易受到滑动摩擦和冲击力的伤害。

图 7.24　滑管逃生设施

图 7.25　滑槽逃生设施

柔性滑道是一种利用竖直逃生缓降软管进行火灾逃生的设施。日本的柔性滑道被称为逃生袋，其能使多人顺序从高处入口进入，采用挤压摩擦限速原理，在其内部缓慢滑降。根据放置方位，柔性滑道又可分为斜管（含螺旋状）和竖直管两类；根据与建筑结合方式，可分为外置单入口式和多入口式；根据直径尺寸，可分为成人普通式和儿童专用式等。此类逃生滑道常悬挂于建筑外墙，如图 7.26 所示。

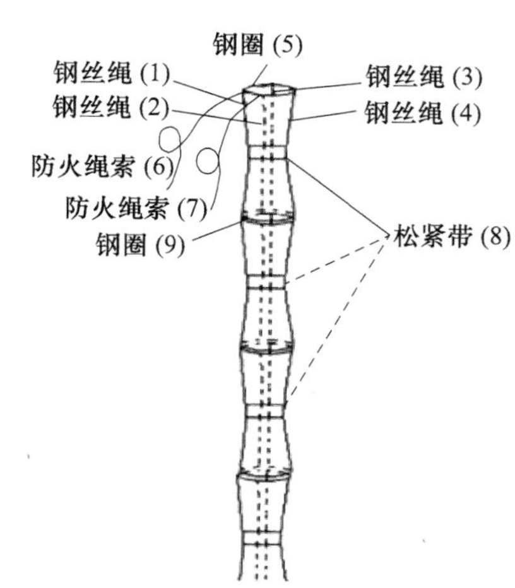

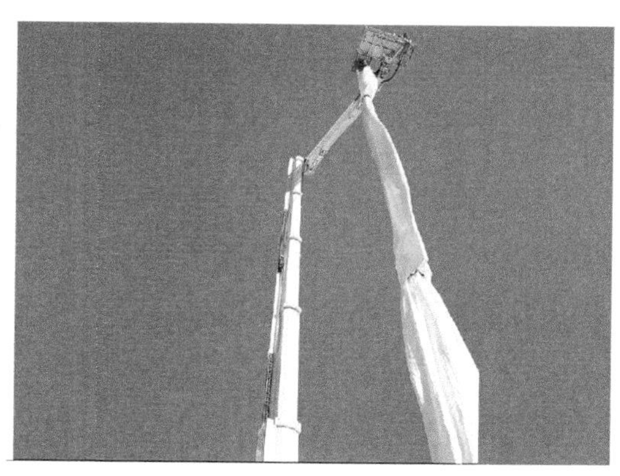

图 7.26 柔性滑道逃生设施

但此类逃生设施总体上有碍建筑美观，设备使用寿命较短。所以在实际使用时，有的将布袋滑道放置在窗台下面，紧急情况下将布袋抛到窗外。有的被抛出的布袋另一端钩到地面的挂环（或其他固定物如车辆等）上，形成斜面，有利于逃生者由此通道安全滑出。为使柔性滑道具备移动救生能力，可将其悬挂在云梯车顶部，云梯车与房屋窗口搭接，让逃生者从顶部进入逃生滑道。国内徐永和设计的高楼逃生缓降管主要由固定框架和滑管构成，其固定框架包括框体、盖板、筒座和筒盖；人工打开底端筒盖时，其内置滑管即可落下，逃生者可穿过框体，经过管体内部的环箍和松紧束带来缓速降落[71]。瑞典学者设计的多入口逃生滑道结构为多节段式，其在建筑内每层专门建设该层的柔性滑道，每层的人都可以从对应的入口滑到下一层，一直到地面层[72]。这种设备非常适合医院、学校等公共场所应急疏散。

目前，刚性滑道设施由于结构复杂庞大、安全保护不足等原因，应用较少。柔性滑道设施具有一定的优势，避免了冲击伤害等因素，但也存在一些不足。例如，一般在楼顶只设有一个入口，急于逃生的人会相互争抢、拥挤踩踏，集体逃生时间较长；这种滑道若安装在高层建筑的外墙，不但存在防盗安全的问题，而且长年累月经受风吹日晒雨淋，其材料寿命和设备安全难以保证；逃生者身上的装饰物、携带物等可能划伤滑道的内衬，造成滑道强度不足；如果滑道长期悬挂，则会占用很大的楼房外层空间，影响建筑物的整体美观和使用；如果滑道存放在室内，则当火灾发生时，特别是对于高层建筑较长的滑道，由于投放滑道需要足够的人力和时间，会耽误宝贵的人员逃生和救援时间，在火灾中难以发挥作用。

7.4.3 升降类逃生设施

升降类逃生设施是具有动力驱动与控制的逃生设施，是可控制式缓降器的扩展形式，其一般具有类似轿厢的装备。建筑上的升降类逃生设施包括消防电梯、观光电梯、吊篮之类的设备，是可以用于多个楼层人群疏散的建筑火灾逃生设施，如图 7.27 所示。

图 7.27 升降类逃生设施

特别是消防电梯，经研究发现，在高层建筑发生火灾时，许多人首先会想到使用消防电梯逃生。使用消防电梯成功疏散逃生的典型案例有：1973 年，巴西圣保罗市焦马大厦发生火灾，300 多人在火灾初期通过消防电梯逃生；2001 年，在美国“9·11”恐怖袭击事件中，有许多人通过消防电梯得以及时逃生。

目前，以色列、德国、阿根廷等高层建筑均配有火灾紧急逃生用的人力或专用动力应急升降机，也称“逃生系统装置”，如图 7.28 所示。该应急升降机主要由导轨和升降装置两部分组成，其中导轨事先安装于高层建筑疏散通道窗口的外墙一侧。升降装置由消防部门日常配备和维护，可以在所有安装导轨的高层建筑上公用。有能力的物业部门也可配备升降装置，在消防人员到达现场之前，先行组织疏散楼内被困人员。另外，逃生升降机也可以是独立于建筑的登高云梯形式，其通过伸缩臂的运动实现载人轿厢下降，以疏散被困人群。

图 7.28 升降式应急逃生设施

升降式应急逃生设施可以往复工作，一次升降可以承载 1 ~ 5 人或更多，适用于输送包括老幼病残孕在内的人群。虽然消防电梯疏散方便快捷，但在高层建筑火灾中，利用电梯进行疏散也存在一定问题。首先，消防电梯的安全可靠性非常重要，如果电梯的某个零部件出现了故障，电梯运行可能就会被迫终止。其次，当高层建筑发生火灾时，人们利用消防电梯逃生，电梯在上下运行过程中会产生一定的活塞效应，这种效应会使电梯井中产生气流运动，导致电梯前室和建筑空间产生压差，从而对火灾烟气的扩散造成影响。当电梯远离火灾区域时，活塞效应会使压差减小，在极限情况下，会产生火灾烟气进入电梯前室的情况。所以，利用消防电梯逃生，可能在一定程度上存在扩大火灾蔓延的风险。最后，消防电梯疏散人员的组织比较困难，在高层建筑火灾中，使用电梯逃生时，一方面，由于电梯轿厢空间狭小，容易使人产生恐慌心理，另一方面，使用消防电梯疏散，一次往返只能疏散少部分的人员。

由此可以看出，升降类逃生设施总体成本较高，不适合居民家用，且必须和高层建筑的高度相匹配，防烟防火性能要求高，需要定期维修保养和专业操作。另外，高层建筑的开发商和管理部门需要足够的财力和强烈的消防意识，才会采用此类设备。同时，该类设施对应急电力系统的可靠性要求较高。

7.4.4 滑翔飞行类逃生设施

滑翔飞行类逃生设施是建筑火灾应急逃生和救援中的新型用具，如热气球、滑翔伞或降落伞等，如图 7.29 所示。

图 7.29 滑翔飞行类逃生设施

滑翔飞行类逃生设施可用于超高层建筑救援逃生等，但其存在技术含量高、成本昂贵、操作难度大等不足，且每次运送的人数很少，受飞行区域气流的影响也很大。使用这类设备进行逃生，往往需要逃生者有足够的能力与经验来驾驭此类设备。因此，只适合很少的专业人员使用，难以在城市建筑火灾疏散逃生中全面推广。

除了以上城市建筑火灾逃生设施以外，目前还有喷气式背包、带动力的小型直升机等逃生设施，如图 7.30 所示，此处不再赘述。

图 7.30 喷气式背包、直升机类逃生设施

通过以上对城市建筑火灾应急疏散逃生设施的分析可以发现，一种能够得到广泛使用的城市建筑火灾逃生装置，最基本的要求是能够保障逃生人员的安全，而且必须有合理的成本和经济性。

因此，未来城市建筑火灾逃生设施研究的发展方向，必须能够满足以下基本要求：首先，逃生设施的结构尽可能简单易操作、通用性强，能够适应现今不同功能的城市民用建筑；其次，逃生设施的设计应尽可能人性化，在保证人员安全逃生的前提下，应尽量减轻或避免使用者的恐惧心理；再次，设施的材质、质量性能、使用寿命能够满足要求，且安装、维护和使用成本尽可能低，公众能够普遍承受；最后，能够兼顾不同的人群，特别是老弱病残孕人群也可以使用。

此外，在目前大数据时代背景下，基于物联网技术的城市建筑火灾应急疏散及逃生设施，也将是未来建筑火灾应急管理研究发展的一个重要趋势。

参考文献

［1］新华社．（法治）今年以来我国高层建筑发生火灾五千余起［EB/OL］．（2017-12-20）［2022-09-01］．https：//baijiahao. baidu. com/s? id = 1587289554730890633&wfr = spider&for = pc.

［2］烈火金刚-999. 前三季度全国火灾数据［EB/OL］．（2021-10-22）［2022-09-01］．https：//weibo. com/ttarticle/p/show? id = 230940469500155173 2954.

［3］教育部．2021 年全国教育事业发展统计公报［EB/OL］．（2022-09-14）［2022-09-20］．http：//www. moe. gov. cn/jyb_ sjzl/sjzl_ fztjgb/2022 09/t20220914_ 660850. html.

［4］曾梦．基于突变理论的高层民用建筑火灾风险评估［D］．重庆：重庆大学，2019.

［5］蒲娟．基于 Shapley-D-S 的高层建筑火灾安全评价［J］．消防科学与技术，2021，40（2）：217-221.

［6］王川，刘晓东，王智文．城市高层建筑火灾应急能力评估体系研究与应用［J］．工业安全与环保，2020，46（12）：31-36.

［7］田玉敏，蔡晶菁．层次分析法在商场火灾风险评价中的应用研究［J］．灾害学，2009，24（2）：91-94.

［8］徐坚强，刘小勇．基于层次分析法的建筑火灾风险评估指标体系设计［J］．武汉理工大学学报（信息与管理工程版），2019，41（4）：345-351.

［9］王莹，张树平．基于 AHP 和模糊综合评价法的地下公共建筑消防安全评估［J］．消防科学与技术，2009，28（2）：133-137，149.

［10］李亚兰，门玉明．基于改进层次分析法的地下建筑火灾安全评价研究［J］．灾害学，2018，33（3）：43-47.

[11] 米红甫，肖国清，王文和，等．基于Fuzzy-DS模型的建筑火灾风险评估方法研究［J］．中国安全生产科学技术，2018，14（6）：187-192.

[12] SIEBEL R. A composite detection algorithm using signal trend information of two different sensors［J］. Fire safety journal，1991，17（6）：519-534.

[13] 王殊．火灾自动探测的复合特定趋势算法［J］．火灾科学，1996（1）：8-13.

[14] 董文辉．复合式感烟感温火灾探测报警系统-SX4000算法设计［D］．大连：大连理工大学，1999.

[15] OKAYAMA Y. A primitive study of a fire detection method controlled by artificial neural net［J］. Fire safety journal，1991，17（6）：535-553.

[16] 张绍龙．基于BP神经网络算法的火灾报警智能分析的研究与实践［D］．杭州：杭州电子科技大学，2017.

[17] 汤群芳．基于模糊神经网络的火灾数据处理方法的研究［D］．长沙：湖南大学，2010.

[18] HENDERSON L F. On the fluid mechanics of human crowd motion［J］. Transportation research，1974，8（6）：509-515.

[19] PAULS J. The movement of people in buildings and design solutions for means of egress［J］. Fire technology，1984，20（1）：27-47.

[20] TOFFOLI T，MARGOLUS N H. Invertible cellular automata：a review［J］. Physica D：nonlinear phenomena，1990，45（1-3）：229-253.

[21] 钟茂华，史聪灵，涂旭炜，等．深埋岛式地铁车站突发事件时人员疏散模拟研究［J］．中国安全科学学报，2007，17（8）：20-25.

[22] LØVÅS G G. Modeling and simulation of pedestrian traffic flow［J］. Transportation research part B：methodological，1994，28（6）：429-443.

[23] HELBING D，FARKAS I，VICSEK T. Simulating dynamical features of escape panic［J］. Nature，2000，407：487-490.

[24] 方正，卢兆明．建筑物避难疏散的网格模型［J］．中国安全科学学报，2001，11（4）：10-13.

[25] 宋卫国，于彦飞，陈涛．出口条件对人员疏散的影响及其分析

[J]．火灾科学，2003，12（2）：100-104.

[26] 杨立中，方伟峰，李健，等．考虑人员行为的元胞自动机行人运动模型 [J]．科学通报，2003，48（11）：1143-1147.

[27] 潘忠，王长波，谢步瀛．基于几何连续模型的人员疏散仿真 [J]．系统仿真学报，2006，18（z1）：233-236.

[28] 张培红，张芸栗，梅志斌，等．大型公共建筑物智能疏散路径优化自适应蚁群算法实现及应用 [J]．沈阳建筑大学学报（自然科学版），2008，24（6）：1055-1059.

[29] 赵宜宾，黄猛，张鹤翔．基于元胞自动机的多出口人员疏散模型的研究 [J]．系统工程学报，2012，27（4）：439-445.

[30] 宋志刚，李昂．基于实测数据的餐馆疏散人数测算 [J]．消防科学与技术，2016（1）：50-52.

[31] 赵金龙，孙博阳，王善生，等．基于 Pathfinder 的特殊地铁站点人群紧急疏散模拟 [J]．中国安全生产科学技术，2020，16（1）：146-150.

[32] 田水承，李红霞，王莉，等．从三类危险源理论看煤矿事故的频发 [J]．中国安全科学学报，2007（1）：10-15，177.

[33] LIU S，HURLEY M，LOWELLK E，et al. An integrated decision-support approach in prioritizing risks of non-indigenous species in the face of high uncertainty [J]. Ecological economics，2011，70：1924-1930.

[34] NILSEN T，AVEN T. Models and model uncertainty in the context of risk analysis [J]. Reliability engineering & system safety，2003，79（3）：309-317.

[35] ZADEH L A. Fuzzy sets as a basis for a theory of possibility [J]. Fuzzy sets and systems，1999，100（1）：9-34.

[36] 王光远．未确知信息及其数学处理 [J]．哈尔滨建筑工程学院学报，1990（4）：1-9.

[37] 刘开第，曹庆奎，庞彦军．基于未确知集合的故障诊断方法 [J]．自动化学报，2004，30（5）：747-756.

[38] 张立宁，张奇，安晶．高层民用建筑火灾风险综合评估系统研

究［J］．安全与环境学报，2015，15（5）：20-24.

［39］安晶，张立宁，庞晓娜，等．基于未确知聚类的高层建筑防火风险评估系统［J］．消防科学与技术，2022，41（7）：942-945，950.

［40］任笠．基于未确知测度理论的房地产开发项目成本风险评价与对策研究［D］．成都：西南交通大学，2021.

［41］曹功立．基于 FAHP-FCE 模型的高层建筑火灾风险评估研究［D］．杭州：浙江大学，2013.

［42］曹钰．基于突变理论的高层建筑火灾风险性模糊综合评价方法研究［D］．长沙：中南大学，2008.

［43］牛跃林．高层建筑火灾风险评价及评价软件开发应用研究［D］．赣州：江西理工大学，2007.

［44］范良琼．高校宿舍火灾风险评价及应急疏散研究［D］．廊坊：华北科技学院，2021.

［45］教育部．中国教育概况：2019 年全国教育事业发展情况［EB/OL］．（2020-08-31）［2023-04-24］．http：//www. moe. gov. cn/jyb_ sjzl/s5990/202008/t20200831_ 483697. html.

［46］教育部．2021 年全国教育事业统计主要结果［EB/OL］．（2020-08-31）［2022-03-01］．http：//www. moe. gov. cn/jyb_ xwfb/gzdt_gzdt/s5987/202203/t20220301_ 603262. html.

［47］宋英华，王雅琪，霍非舟．基于灰关联-证据理论的高校宿舍火灾风险评价方法［J］．安全与环境学报，2021，21（6）：2357-2364.

［48］小石小石摩西摩西．神经网络浅讲：从神经元到深度学习［EB/OL］．（2020-07-19）［2022-09-20］．https：//www. bilibili. com/read/cv6823744/.

［49］人工智能领域简报（第 39 期）：深度学习已进入瓶颈期，模拟人类神经结构将是突破口？［EB/OL］．（2022-09-20）［2022-09-20］．http：//www. rdrstartup. com/h-nd-332. html.

［50］崔大勇，季玫．人工神经网络在自动化中的应用与发展前景［J］．自动化与仪表，1993，8（2）：1-4.

［51］王华伟，周鑫，王博，等．基于 RBF 神经网络和 MIGA 的液压

锥阀降噪研究［J］．机电工程，2022（11）：1527-1534.

［52］刘播阳，赵国栋，程思备．基于主成分分析的无线电频率使用率综合评价［J］．重庆邮电大学学报（自然科学版），2022，34（3）：467-473.

［53］张立宁，范良琼，安晶，等．基于 PCA-RBF 的高校学生宿舍火灾安全评价及应用［J］．安全与环境学报，2021，21（3）：921-926.

［54］VOLK R，STENGEL J，SCHULTMANN F. Building information modeling（BIM）for existing buildings：literature review and future needs［J］. Automation in construction，2014，38：109－127.

［55］张立宁，苟鹏飞，安晶．地下商业综合体火灾风险评估［J］．消防科学与技术，2022，41（3）：363-367.

［56］张轩语．地下商业街火灾风险影响因素研究［D］．西安：西安建筑科技大学，2021.

［57］刘勇，阳晓剑，陈晓勇，等．地下建筑火灾风险分析［J］．消防科学与技术，2018，37（3）：414-416.

［58］张立宁，安晶，张丽华．高层建筑火灾精确报警的无线复合信号系统［J］．中国安全科学学报，2017，27（11）：13-17.

［59］马耀辉，朱青，盛海波，等．基于 CC1110 微功率无线采集器的设计［J］．计算机系统应用，2010，19（4）：212-215.

［60］刘方园，王水花，张煜东．支持向量机模型与应用综述［J］．计算机系统应用，2018，27（4）：1-9.

［61］张立宁，安晶，张奇，等．基于 SVR 的智能建筑火灾预警模型［J］．数学的实践与认识，2016，46（1）：187-196.

［62］马雪娇．设计基于支持向量回归机模型的价格预测［D］．郑州：郑州大学，2018.

［63］胡兆杰．基于 BP 神经网络和证据理论融合的火灾探测信息处理［D］．天津：天津理工大学，2013.

［64］李利敏，闫金鹏．在校大学生肩宽及疏散速度的测量研究［J］．工业安全与环保，2014. 40（11）：44-47.

［65］刘朝峰，许强，齐钦法，等．高层住宅建筑火灾应急疏散模拟

与策略研究［J］．灾害学，2022，37（2）：174-181.

［66］钟炜，李志勇，马晋超．基于 BIM 技术的高层火灾应急疏散研究［J］．消防科学与技术，2020，39（6）：790-793.

［67］何中旭，常力，姜雯，等．基于 FDS 和 STEPS 模拟的大型商业综合体地下商业区火灾模拟与安全疏散研究［J］．南开大学学报（自然科学版），2017，50（4）：76-82.

［68］杨雨亭．基于 PyroSim 和 Pathfinder 的商业综合体火灾与安全疏散模拟仿真研究［D］．昆明：昆明理工大学，2018.

［69］摩天大楼逃生轮［EB/OL］．（2022-03-25）［2022-09-21］. https：//baike. baidu. com/item/% E6% 91% A9% E5% A4% A9% E5% A4% A7% E6% A5% BC% E9% 80% 83% E7% 94% 9F% E8% BD% AE/12592593？fr = aladdin.

［70］刘柏林．高楼消防快速逃生滑梯：CN2577891［P］．2003-10-08.

［71］徐永和．一种高楼逃生缓降管：CN2251400［P］．1997-04-09.

［72］姚燕生，朱达荣，吴振坤．高层建筑火灾缓降逃生设备综述［J］．安徽建筑工业学院学报（自然科学版），2013，21（4）：41-45.